과학공화국
화학법정

5
화학과 생활

과학공화국 화학법정 5
화학과 생활

ⓒ 정완상, 2007

초판 1쇄 발행일 | 2007년 5월 31일
초판 20쇄 발행일 | 2024년 2월 1일

지은이 | 정완상
펴낸이 | 정은영
펴낸곳 | (주)자음과모음

출판등록 | 2001년 11월 28일 제2001-000259호
주소 | 10881 경기도 파주시 회동길 325-20
전화 | 편집부 (02)324-2347, 경영지원부 (02)325-6047
팩스 | 편집부 (02)324-2348, 경영지원부 (02)2648-1311
e-mail | jamoteen@jamobook.com

ISBN 978-89-544-1366-4 (04430)

과학공화국 화학법정

화학법정

5
화학과 생활

정완상(국립 경상대학교 교수) 지음

|주|자음과모음

생활 속에서 배우는 기상천외한 과학 과업

화학과 법정, 이 두 가지는 전혀 어울리지 않는 소재들입니다. 그리고 여러분에게 제일 어렵게 느껴지는 말들이기도 하지요. 그럼에도 불구하고 이 책의 제목에는 분명 '화학법정'이라는 말이 들어 있습니다. 그렇다고 이 책의 내용이 아주 어려울 거라고 생각하지는 마세요.

저는 법률과는 무관한 과학을 공부하는 사람입니다. 하지만 '법정'이라고 제목을 붙인 데에는 이유가 있습니다.

이 책은 우리의 생활 속에서 일어나는 여러 가지 재미있는 사건을 다루고 있습니다. 그리고 과학적인 원리를 이용해 사건들을 차근차근 해결해 나간답니다. 그런데 크고 작은 사건들의 옳고 그름을 판단하기 위한 무대가 필요했습니다. 바로 그 무대로 법정이 생겨나게 되었답니다.

왜 하필 법정이냐고요? 요즘에는 〈솔로몬의 선택〉을 비롯하여 생활 속에서 일어나는 사건들을 법률을 통해 재미있게 풀어 보는 텔레비전 프로그램들이 많습니다. 그리고 그 프로그램들이 재미없다고 느껴지지도 않을 겁니다. 사건에 등장하는 인물들이 우스꽝스럽고, 사건을 해결하는 과정도 흥미진진하기 때문입니다. 〈솔로몬의 선택〉이 법률 상식을 쉽고 재미있게 얘기하듯이, 이 책은 여러분의 화학 공부를 쉽고 재미있게 해 줄 것입니다.

여러분은 이 책을 읽고 나서 자신의 달라진 모습에 놀랄 겁니다. 과학에 대한 두려움이 싹 가시고, 새로운 문제에 대해 과학적인 호기심을 보이게 될 테니까요. 물론 여러분의 과학 성적도 쑥쑥 올라가겠죠.

끝으로 이 책을 쓰는 데 도움을 준 (주)자음과모음의 강병철 사장님과 모든 식구들에게 감사를 드리며, 스토리 작업에 참여해 주말도 없이 함께 일해 준 조민경, 강지영, 이나리, 김미영, 도시은, 윤소연, 강민영, 황수진, 조민진 양에게 감사를 드립니다.

진주에서

정완상

목차

제1장 요리와 음식에 관한 사건 11

제2장 가전제품에 관한 사건 73

케미 변호사

화학법정의 탄생

　과학공화국이라고 부르는 나라가 있었다. 이 나라는 과학을 좋아하는 사람들이 모여 살고 있었다. 과학공화국 인근에는 음악을 사랑하는 사람들이 사는 뮤지오 왕국과 미술을 사랑하는 사람들이 사는 아티오 왕국, 공업을 장려하는 공업공화국 등 여러 나라가 있었다.

　과학공화국 사람들은 다른 나라 사람들에 비해 과학을 좋아했지만 과학의 범위가 넓어 물리를 좋아하는 사람이 있는가 하면 화학을 좋아하는 사람도 있었다.

　특히 과학 중에서 환경과 밀접한 관련이 있는 화학의 경우 과학공화국의 명성에 걸맞지 않게 국민들의 수준이 그리 높은 편이 아니었다. 그래서 공업공화국의 아이들과 과학공화국의 아이들이 화학 시험을 치르면 오히려 공업공화국 아이들의 점수가 더 높게 나타나기도 했다.

　최근에는 과학공화국 전체에 인터넷이 급속도로 퍼지면서 게임에 중독된 아이들의 화학 실력이 기준 이하로 떨어졌다. 그것은 직접 실험을 하지 않고 인터넷을 통해 모의실험을 하기 때문이었다. 그러다 보니 화학 과외나 학원이 성행하게 되었고, 아이들에게 엉터리 내용을 가르치는 무자격 교사들도 우후죽순 나타나기 시작했다.

화학은 일상생활의 여러 문제에서 만나게 되는데 과학공화국 국민들의 화학에 대한 이해가 떨어지면서 곳곳에서 분쟁이 끊이지 않았다. 마침내 과학공화국의 박과학 대통령은 장관들과 이 문제를 논의하기 위해 회의를 열었다.

"최근의 화학 분쟁들을 어떻게 처리하면 좋겠소?"

대통령이 힘없이 말을 꺼냈다.

"헌법에 화학 부분을 추가하면 어떨까요?"

법무부 장관이 자신 있게 말했다.

"좀 약하지 않을까?"

대통령이 못마땅한 듯이 대답했다.

"그럼 화학으로 판결을 내리는 새로운 법정을 만들면 어떨까요?"

화학부 장관이 말했다.

"바로 그거야! 과학공화국답게 그런 법정이 있어야지. 그래, 화학법정을 만들면 되는 거야. 그리고 그 법정에서의 판례들을 신문에 게재하면 사람들이 더 이상 다투지 않고 자신의 잘못을 인정하게 될 거야."

대통령은 매우 흡족해했다.

"그럼 국회에서 새로운 화학법을 만들어야 하지 않습니까?"

법무부 장관이 약간 불만족스러운 듯한 표정으로 말했다.

"화학적인 현상은 우리가 직접 관찰할 수 있습니다. 방귀도 화학적인 현상이지요. 그것은 누가 관찰하건 간에 같은 현상으로 보이게 됩니다. 그러므로 화학법정에서는 새로운 법을 만들 필요가 없습니다. 혹시 새로운 화학 이론이 나온다면 모를까……."

화학부 장관이 법무부 장관의 말을 반박했다.

"나도 화학을 좋아하긴 하지만, 방귀는 왜 뀌게 되고 왜 그런 냄새가 나는 걸까?"

대통령은 벌써 화학법정을 두기로 결정한 것 같았다. 이렇게 해서 과학공화국에는 화학적으로 판결하는 화학법정이 만들어지게 되었다.

초대 화학법정의 판사는 화학에 대한 책을 많이 쓴 화학짱 박사가 맡게 되었다. 그리고 두 명의 변호사를 선발했는데 한 사람은 대학에서 화학을 공부했지만 정작 화학에 대해서는 깊게 알지 못하는 40대의 화치 변호사였고, 다른 한 사람은 어릴 때부터 화학 영재교육을 받은 화학 천재 케미 변호사였다.

이렇게 해서 과학공화국의 사람들 사이에서 벌어지는 화학과 관련된 많은 사건들이 화학법정의 판결을 통해 깨끗하게 마무리될 수 있었다.

요리와 음식에 관한 사건

콩이 덜 익었잖아요?

콩 삶을 때 소금을 일찍 넣으면 왜 잘 익지 않을까요?

김하늘 씨는 유명한 사업가였다. 김하늘 씨의 사
교술은 주변에서도 알아주고 있었다. 어찌나 화술
이 뛰어난지 김하늘 씨는 적군까지도 아군으로 만
드는 능력을 지니고 있었다. 김하늘 씨의 이런 능력은 어린 시절부
터 이어져 온 것이었다.

하늘 씨는 토론회라 하면 정신을 못 차렸고, 말싸움에서도 대단
한 기량을 자랑했다. 어찌나 말싸움에 뛰어났던지 하늘 씨가 울린
친구도 한둘이 아니었다. 그런 하늘 씨인지라 동네에서는 소위 '쌈
짱' 이라고 불리고 있었다. 하지만 그런 하늘 씨의 능력이 오늘날의

비즈니스계의 왕인 하늘 씨를 만들게 된 것이었다. 말하자면 하늘 씨는 준비된 사업가였다.

사실 사업이라는 것이 사람들을 자기편으로 얼마나 끌어 오느냐가 관건인데 하늘 씨는 그 일에 뛰어났다. 워낙에 말을 잘하는 사람이라, 하늘 씨는 돌도 별로 보이게 할 정도였다.

"하늘 씨랑 이야기하고 있노라면 시간이 어찌 가는지도 모르겠어."

"제가 한 말발 하잖아요. 저를 아는 사람치고 손해 본 사람은 없죠."

"내가 이래서 하늘 씨를 좋아한단 말이야. 역시 하늘 씨는 말이 통한다고."

"제 성격이 또 죽여주잖아요. 저 같은 사람 쉽게 만나기 힘듭니다."

은근히 프라이드가 강한 하늘 씨의 농담은 사람들을 웃게 하고 있었다. 이렇게 사람들의 기분이 좀 업되었다 싶으면 하늘 씨는 중요한 이야기에 들어갔다. 당연히 기분이 완전 업된 사람들은 하늘 씨의 이야기라면 두 손 들고 환영하고 있었다.

"하 사장님, 제가 이번에 말이죠. 새로운 사업 아이템을 하나 얻었는데요."

"그래요? 김 사장님 말이라면 내 무조건 믿지."

"김 사장, 나한테는 아이템 안 일러 주기요?"

"그럴 리가 있나요, 정 사장님! 잘 들어 보세요. 요새 말이죠, 사람들이 웰빙 바람을 타고 잘먹고 잘사는 데 관심이 너무 많아졌어요."

김하늘 씨의 말에 모두들 공감하는 눈치였다.

"그래서 말인데 우린 좀 독특한 웰빙 형식이 필요할 것 같아요. 잔디가 있는 아파트, 자연이 살아 있는 아파트는 어떨까요?"

"옹, 그거 참 괜찮은 생각인데요. 요즘 사람들 아이들이라 하면 껌뻑하니깐, 아이들이랑 관련된 아이템도 괜찮을 텐데요."

"그것도 이미 생각했죠. 아이들을 위한 놀이방을 모두 원목으로만 만드는 거예요. 장난감까지 모두요."

이렇게 김하늘 씨는 사업적인 안목도 타고났다. 돈이 되겠다 싶은 것은 꼭 돈으로 이어지게 만들고 마는 것이 김하늘 씨의 능력이었다. 사람들은 김하늘 씨의 말이라면 귀담아 듣고 있었다. 김하늘 씨의 말에서 좋은 사업 아이템을 얻어 사업에 성공한 사람도 한두 사람이 아니었다.

"아, 내가 말이지 김 사장 덕에 이렇게 사업도 번창하고 이 고마운 마음을 어떻게 표현해야 할지 모르겠단 말이야."

"다 사장님께서 제 말에 귀 기울일 수 있었던 덕분입니다. 저야 뭐 말한 것밖에 더 있나요?"

김하늘 씨는 상대의 기분을 살펴 그 사람을 업시키는 데는 귀신이었다. 상당히 화가 난 사람이라도 김하늘 씨의 말발이면 화를 풀곤 했다. 그래서 싸운 사람들도 김하늘 씨를 자주 찾곤 했다.

"허 사장이 어떻게 나한테 그럴 수가 있어? 내가 저한테 어떻게 했는데 말이야."

"오늘 정 사장님 화가 많이 나셨나 보네요. 허 사장님이 어떻게 했는데요?"

"김 사장도 알 거야. 내가 허 사장 일으키는 데 얼마나 공을 들였는지 말이야."

"제가 모르면 누가 알겠어요."

김하늘 씨가 맞장구를 치고 있었다. 그러자 신이 난 정 사장이 김하늘 씨에게 말했다.

"그런데 그 배은망덕한 사람이 이번 사업에서 우리 회사가 아닌 다른 회사랑 손을 잡았어."

"아니, 의논도 없이 그랬단 말이에요?"

"그래, 나도 그 점이 제일 서운하단 거야. 의논도 없이 내 뒤통수를 쳤어."

"허 사장님 그렇게 안 봤는데 정말 실망이네요. 저도 조심해야겠어요."

김하늘 씨의 맞장구가 어찌나 잘 맞았던지 화가 나서 날뛰던 정 사장의 기운도 점점 수그러들고 있었다.

이렇게 말 수완이 뛰어났던 김하늘 씨는 이제 외국으로 눈을 돌리기 시작했다. 외국에서도 김하늘 씨의 사업 수완은 줄지 않았다. 김하늘 씨의 말은 유머까지 더해져서 외국인들과도 쉽게 친해질 수 있었다. 물론 말은 좀 서툴렀지만 세계 공용어인 유머가 되는 김하늘 씨에겐 언어의 장벽 따위는 문제가 되지 않았다.

"역시 내 말발은 훌륭하다고. 외국에서도 통하는 말발이라니, 완전 사랑스런 능력이야."

"유, 굿!"

"아이 노, 아이 노!"

원활한 영어 소통은 아니었지만 김하늘 씨는 사람들이 자신의 말에 귀 기울이고 집중하는 것이 좋았다. 거기에도 떠오르는 동양의 별 한국에 대한 관심까지 더해져서 김하늘 씨의 사업 아이템은 은근히 외국인에게 잘 먹히고 있었다. 더구나 끈끈한 정이라는 것을 잘 모르던 외국인들은 김하늘 씨의 챙김과 배려에 마음의 문을 서서히 열고 있었다.

그러던 김하늘 씨는 운 좋게 한 회사의 외국 바이어와 만나게 되었다. 김하늘 씨는 사업상 모임을 가지기 전에 항상 상대방에 대해 정보를 가지고 나섰다. 이번 바이어는 삶은 콩을 아주 좋아한다는 소문이 있었다. 이미 정보를 파악한 그는 콩 요리 전문 식당으로 갔다.

"여기, 아주 맛있는 콩으로 주세요. 잘 익혀서요."

멋있게 주문을 끝낸 김하늘 씨는 바이어와 사업 이야기를 하느라 정신이 없었다. 이야기는 순조롭게 잘 진행되어 가고 있었다. 외국인 바이어도 김하늘 씨의 사업 수완에 거의 넘어오고 있던 참이었다. 이렇게 두 사람이 한참 사업 이야기에 빠져 있을 즈음 콩 요리가 나왔다. 그런데 나온 요리는 콩이 덜 익어 있었다. 이제 막 계약에 들어가려는 찰나였는데 덜 익은 콩이 나오자 외국 바이어의 얼굴이 일그러졌다. 결국 계약은 생각만큼 잘 되지 않았다. 오히려 익히지 않은 콩을 주는 집에서 약속을 잡았다며 바이어는 몹시 불쾌해하고 있었다. 다된 밥에 재를 뿌리는 격이 되자 김하늘 씨는 식당의 요리사를 용서할 수가 없었다. 그래서 결국 하늘 씨는 식당 요리사를 화학 법정에 고소하고 말았다.

물 분자는 콩 껍질 속을 통과할 수 있지만 소금 분자는
통과할 수 없지요. 그래서 콩이 익기 전에 소금을 넣으면
제대로 익지 않는 것입니다.

과학공화국
화학법정 5

 여기는 **화학법정**

콩이 익지 않은 이유는 무엇일까요?
화학법정에서 알아봅시다.

피고 측 변론하세요.

콩은 원래 딱딱한 맛으로 먹는 겁니다. 외국 바이어가 참 예민하네요. 그리고 메주를 쑤지 않는 이상 콩을 부드럽게 할 방법이 있나요? 요리사는 잘못이 없습니다.

원고 측 변론하세요.

과학대학교 식품영양학과 대종금 교수를 증인으로 요청합니다.

한복을 곱게 차려입은 대종금 교수가 증인석에 앉았다.

콩은 익혀도 딱딱합니까?

아닙니다. 콩을 푹 익혀서 부드럽게 먹을 수 있습니다.

어떤 방법을 쓰면 됩니까?

콩을 삶을 때 소금을 너무 일찍 넣지 않아야 합니다. 소금을 일찍 넣으면 콩이 푹 삶아지지 않습니다.

왜 그런 거죠?

콩에는 원래 수분이 별로 없습니다. 즉, 농도가 높다는 얘기죠.

때문에 물에 담가 두면 물을 빨아들여서 팽팽해집니다. 그렇지만 소금을 일찍 넣으면 콩이 수분을 많이 빨아들이지 못해요.

소금물인 경우 왜 수분을 덜 빨아들이나요?

물 분자는 콩 껍질 속을 통과할 수 있지만 소금 분자는 통과할 수 없어요. 만약 소금을 물에 넣을 경우 콩 안과 콩 바깥의 농도 차가 맹물일 때보다 덜 나기 때문에 수분이 콩 안으로 덜 들어가게 되는 것이죠.

물이 들어가는 정도는 콩 안과 콩 밖의 농도 차이 때문이군요.

내, 물은 많은 쪽에서 직은 쪽으로 옮겨 가서 안과 밖을 똑같은 농도로 만들려는 습성이 있어요.

콩을 삶을 때 콩은 수분이 없으므로 물을 쉽게 빨아들여 팽팽해집니다. 그러나 너무 일찍 소금을 넣을 경우 소금을 넣지 않은 경우보다 물이 덜 들어가게 되므로 콩이 딱딱해지는 것입니다.

 콩과 단백질

콩은 밭에서 나는 쇠고기라고 불릴 만큼 단백질이 많고 영양가가 뛰어나다. 콩이나 콩으로 만든 식품을 많이 먹도록 권하는 것은 이소플라본이라는 물질 때문이다. 이소플라본은 골다공증·신장질환·담석 형성을 막고, 혈중 콜레스테롤 수치를 낮추며 폐경기 증상을 완화하고 유방암·전립선암 등을 예방하는 효과도 있다. 이소플라본은 여성 호르몬과 비슷한 작용을 하여 식물성 여성 호르몬이라고도 하는데, 에스트로겐 작용을 차단시키는 효과도 있고 에스트로겐이 부족하면 에스트로겐 기능을 대신하기도 한다.

 판결합니다. 물은 자신을 포함한 작은 분자만 통과할 수 있는 막을 통해 농도가 높은 곳에서 낮은 곳으로 옮겨 가려는 성질이 있습니다. 그래서 콩을 물에 넣을 경우 콩 안에 물이 별로 없기 때문에 물이 콩 안으로 들어가는 것입니다. 그러나 소금을 너무 일찍 넣게 되면 맹물일 때보다 농도 차이가 줄어들어 콩 안으로 들어가려는 물의 양이 줄어듭니다. 따라서 이번 사건은 요리사의 실수입니다.

양파를 썰면 눈물 나오는 건
당연하잖아요?

양파를 썰 때 눈물을 흘리지 않고 써는 방법은 없을까요?

임야채 씨와 김과일 씨는 오순도순 살아가는 평
범한 부부였다. 두 사람은 젊어서 과일 가게와 야
채 총각으로 만났다. 임야채 씨와 김과일 씨의 가
게는 서로 마주 보고 있었다. 그러다 보니 두 사람
은 의도하지 않았지만 매일 보는 사이가 되었다. 임야채 씨의 눈에
는 과일을 파는 김과일 씨가 어떤 과일보다 더 예뻐 보였다.

"저 과일 가게 아가씨는 어떻게 저렇게 매일 웃을 수 있지? 살인
미소는 바로 저런 미소를 말하는 거야."

매일 과일 씨를 보면서도 야채 씨는 수줍음에 제대로 말도 못 걸

고 있었다. 하지만 의외로 과일 씨는 야채 씨보다 터프했다. 과일 씨는 처음에는 야채 씨를 그다지 눈여겨보지 않았다. 하지만 하루 이틀 대하다 보니 야채 씨의 성실함이 은근히 매력적으로 보였다.

"앞집 야채 총각이 좀 맘에 들려고 하네. 한번 대시를 해 봐?"

활달한 과일 씨는 야채 씨에 대한 마음이 점점 관심으로 바뀌어 가자 야채 씨에게 사귀자고 할 마음이 생겼다. 그러던 어느 날, 비가 와서 가게에 손님이 덜 붐비는 시간이었다. 과일 씨는 커피 두 잔을 타서 야채 씨네 가게로 향했다.

"저기, 우리 서로 마주 보고 장사하는데도 인사도 못했죠?"

"네, 네."

과일 씨의 말에 당황한 야채 씨가 말을 더듬고 있었다. 과일 씨도 야채 씨와 인사를 하긴 했지만 무슨 말을 어떻게 꺼내야 할지를 몰랐다. 한동안 침묵이 흘렀다. 하지만 무거운 분위기를 도무지 참지 못하는 과일 씨가 대뜸 야채 씨에게 사귀자는 말을 꺼내 버렸다.

"사실, 제가 오래 전부터 눈여겨봐 오고 있었어요. 그런데 기회가 없어서 말도 못 붙이고 있었거든요. 전 그쪽이 맘에 들어요."

"네에?"

상상치도 못한 과일 씨의 말에 야채 씨는 깜짝 놀랐다.

"제가 너무 성급한가요? 저 같은 스타일 싫어하시나 봐요?"

"그, 그, 그게 아니라 제가 좋아하는 사람 앞에서는 말도 잘 못하고 수줍음을 잘 타서요."

야채 씨는 너무 떨림에도 불구하고 겨우겨우 말을 꺼냈다. 야채 씨의 말을 들은 과일 씨는 너무 기뻐서 연신 샐룩거리고 있었다. 이렇게 해서 두 사람은 그날 이후로 사귀게 되었다. 두 사람이 사귄 지 일 년여쯤 되었을 때, 두 사람은 과일 가게와 야채 가게를 합치는 것이 좋겠다고 생각하게 되었다.

"우리, 어차피 종류도 비슷한데 과일 가게와 야채 가게를 합치는 것이 어떨까?"

"어머, 야채 씨! 많이 늘었는데? 그거 나한테 청혼하는 멘트?"

"헉, 과일 씨는 날 너무 앞질러 간다고. 난 정말 가게만 합치면 어떨까 해서 한 말인데, 이렇게 이야기까지 나왔으니 우리 이참에 결혼하자."

"뭐야? 너무 무드 없어지신다. 프러포즈는 정식으로 머리 짜서 해 주도록 하고, 우선은 가게 합치고 결혼하는 걸로 하자."

두 사람은 이렇게 하여 우연찮게 결혼을 하게 되었다. 결혼을 한 두 사람은 가게를 합쳤다. 합친 가게는 두 사람이 각자 운영했을 때보다 훨씬 장사가 잘 되었다. 야채 씨의 성실함과 과일 씨의 백만 불짜리 미소가 합해져 어디서도 볼 수 없는 그 가게만의 독특한 분위기를 내고 있었다.

"여보, 우리 좀 더 일찍 가게를 합칠 걸 그랬어."

"그러게요. 이렇게 장사가 잘되리라곤 상상도 못했어요."

두 사람은 가게가 잘되자 가게도 확장 이전하고 두 사람이 사는 집도 새집으로 마련하게 되었다. 세월이 지나 두 사람에게도 아이가 생기게 되었다. 두 사람의 성실함 덕에 아이는 부족함 없이 자랄 수 있었다. 사실 두 사람에게는 학벌이라는 치명적인 콤플렉스가 있었다. 그래서 두 사람은 아이만은 공부를 많이 시키고 싶어 했다.

"우리 딸! 우리 딸은 열심히 공부해서 지식이 그득그득한 사람이 되었으면 좋겠어."

"엄마는 어쩜 매번 공부 이야기만 하냐? 엄마가 그러지 않아도 나 엄마 아빠 위해서 피 터지게 공부하고 있다고요."

"역시 넌 내 딸이야. 사람이 너처럼 끈기가 있어야 하는 법이지!"

두 사람의 딸은 걱정과는 달리 공부를 아주 잘해 내고 있었다. 두 사람의 노력과 바람 덕분이었는지 딸은 사람들이 손꼽는 대학에 철썩 붙어 버렸다.

"여러분, 우리 딸이 최고 대학에 붙었습니다. 무한 축하 부탁드립니다."

딸의 대학 합격 소식을 들은 야채 씨와 과일 씨는 그날의 과일과 야채를 모두 공짜로 사람들에게 나누어 줄 정도로 기뻐했다.

이제 딸은 대학도 졸업하고 시집까지 갔다. 딸도 시집보내고 나자 과일 씨는 자신이 꼭 하고 싶어 했던 그 일을 해 보고 싶었다. 학창 시절 방황하던 과일 씨는 생각 없이 집에서 해 오던 과일 가게를 받게 되었다. 그래서 꿈같은 건 생각할 겨를도 없이 우선은 과일이 잘 팔리는 것에 만족하며 살았다. 이제 시간과 돈이 허락하는 시기가 되자 과일 씨의 어린 시절 꿈이 꿈틀거렸다.

"여보, 난 어릴 적부터 품어 온 꿈이 있었어."

"나도 있었어. 꿈은 근데 워낙에 공부를 안 해서 지금 꿈과는 별개로 살고 있는 거야."

"공부도 열심히 했는데, 단지 주변에서 좀 안 도와줘서 그랬을 뿐이야."

"여보, 그건 좀 아니라고 보이네. 당신 성적표 내가 봤잖아."

"여하튼, 우리 이제 여유도 좀 있으니까 나 요리를 좀 배워 보고 싶은데……."

임야채 씨가 마다할 이유가 없었다. 요리를 배우게 되면 임야채 씨도 맛있는 음식을 더 먹을 수 있을 터였다. 이렇게 하여 과일 씨가 택한 곳은 요리 학원이 아닌 한 식당이었다. 실전에서 익히고 싶다는 과일 씨의 생각에서였다. 하지만 식당에서 과일 씨가 한 일이라고는 매일 양파 써는 일밖에 없었다. 진짜 요리를 배우고 싶었던 과일 씨의 실망이 이만저만이 아니었다. 하지만 그것보다 문제는 눈물이 너무 많이 난다는 것이었다. 참다못한 과일 씨는 사장을 찾아갔다.

"요리는 안 가르쳐 주고 양파 써는 것만도 맘에 안 드는데 양파가 너무 매워서 눈물이 아주 줄줄 흘러요."

과일 씨는 사장에게 대책을 마련해 달라고 했다. 하지만 사장의 대답은 싸늘했다.

"양파 썰면서 눈물도 안 흘릴 각오로 여기 들어왔어요?"

단지 요리를 배우고 싶어서 왔던 과일 씨에게는 사장의 대우가 너무도 형편없이 보였다. 화가 난 과일 씨는 사장을 화학법정에 고소하고 말았다.

양파를 깔 때 우리 눈에 자극을 주는 물질은 눈에
보이지 않는 휘발성 기체입니다. 가스불 옆에서 양파를 썰면
휘발성 물질이 타면서 매운 성분이 사라진답니다.

양파를 썰면 왜 눈물이 날까요?
화학법정에서 알아봅시다.

 판결을 시작하겠습니다. 피고 측 변론하세요.

 양파를 썰 때 눈물이 나는 것은 당연합니다.

이것은 막을 수 없어요. 제가 여러 방법을

다 써 보았지만 결국 눈이 아파 눈물을 흘릴 수밖에 없더군요.

이런 것도 각오하지 않고 식당에 들어온 김과일 씨의 태도에

문제가 있습니다.

 원고 측 변론하세요.

 과학식품 연구원 현대식 씨를 증인으로 요청합니다.

음식 냄새가 뒤섞여 밴 옷을 입은 현대식 씨가 증인석에

앉았다.

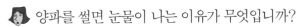 양파를 썰면 눈물이 나는 이유가 무엇입니까?

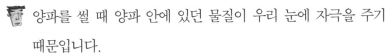 양파를 썰 때 양파 안에 있던 물질이 우리 눈에 자극을 주기

때문입니다.

양파 즙을 말씀하시는 건가요? 그건 액체인데 어떻게 눈에 자

극을 준다는 겁니까?

양파 세포에는 많은 물질들이 있습니다. 그중 우리 눈에 자극을 주는 물질은 휘발성이 강해 쉽게 기체가 되어 우리 눈에 보이지 않습니다.

양파를 썰 때 눈물을 흘리지 않는 방법이 있을까요?

있습니다. 가스불 옆에서 양파를 썰면 됩니다.

왜 그런 것이죠?

눈을 자극하는 휘발성 물질이 가스불에 타면서 사라집니다. 따라서 눈을 보호할 수 있는 것이죠.

양파를 썰면 사극성 물실이 휘발되어 우리 눈을 자극하기 때문에 눈물을 흘리게 합니다. 그러나 가스불 옆에서 썰면 휘발된 물질이 타면서 사라지기 때문에 눈물을 흘리지 않아도 됩니다.

양파를 가스불 옆에서 썰면 눈에 자극이 오지 않고 눈물을 흘리지 않아도 됩니다. 그러나 이러한 방법이 있음에도 불구하고 대책을 마련해 주지 않은 사장에게 잘못이 있음을 판결합니다.

 양파

양파는 서아시아 또는 지중해 연안이 원산지라고 추측하고 있으나 아직 야생종이 발견되지 않아 확실하지 않다. 재배 역사는 매우 오래되어 기원전 3천 년경 고대 이집트의 분묘 벽화에는 피라미드를 쌓는 노동자에게 마늘과 양파를 먹였다는 기록이 있고, 그리스에서는 기원전 7~8세기부터 재배했다고 한다. 양파의 잎은 속이 빈 원기둥 모양이고 짙은 녹색이며 꽃이 필 때 마르고 밑 부분이 두꺼운 비늘 조각으로 되어 있다. 꽃은 9월에 흰색으로 핀다.

콜라의 폭발

더운 여름날 콜라가 폭발한 이유는 무엇일까요?

"어휴, 더워."

"이번 여름은 더워서 숨도 못 쉴 지경이야."

"헉헉, 가만 앉아만 있어서 빤쮸까지 다 젖어 버린다니까."

"이렇게 더울 때는 원시인이 더 좋겠어. 옷 하나 걸치는 것만 해도 너무 더워져."

사상 최대의 폭염이라고 연신 보도가 나오고 있었다. 날씨가 더워지자 노출의 수위는 높아져 갔다. 하지만 심한 노출마저도 더위를 식혀 주지는 못하고 있었다. 사람들은 너도나도 바다나 계곡으로 몰려들고 있었다. 도시에는 저마다 에어컨을 켜 두고 있어서 도로가 후끈후끈 달아올라 있었다. 꾸러기 삼총사도 이 더위를 피해 갈 재간이 없었다. 더구나 이 삼총사는 평소에도 활동량이 어마어마했었다. 그런 아이들이 여름이라고 얌전해지지는 않았다. 더위에 잠깐 풀이 죽었는가 했더니 삼총사는 이내 물장난에 물총놀이에 더위를 피해 가는 놀이법을 개발해 놓고 있었다.

"자, 내 물총을 받아라."

"너는 내 물 폭탄을 받아라. 따쉬!"

"여긴 물 호스다."

"으아악!"

"으그그극!"

세 사람이 나타났다 하면 동네는 정신이 하나도 없었다. 세 사람은 온 동네를 휘젓고 다니며 물놀이에 집중하고 있었다.

하지만 아무리 물을 가지고 논다고 해도 강한 햇빛을 피할 수는 없었다. 해가 중천에 걸리자 세 사람도 곧 시들해지기 시작했다.

"덥긴 정말 덥다. 이번 여름 너무 더워서 피곤해."

"더워, 더워. 정말 덥다고!"

"그걸 나한테 짱 내면 어쩌잔 말이야?"

"너한테 그런 거 아냐. 그냥 더우니깐 그랬을 뿐이야."

"아냐, 은근히 너 요즘에 나한테 신경질 자주 내더라."

잘 노는가 싶었던 삼총사의 분위기가 좀 이상해졌다.

"너야말로 내가 하는 일에 사사건건 간섭하는 게 많더라."

"웃기시네! 자기가 먼저 시비 걸어 놓고서는!"

"애들이 왜 이래? 날도 더운데 니들까지 더위 먹었냐? 잘 놀고 나서 이건 무슨 시추에이션이야?"

삼총사 중에 가장 철이 많이 든 철이가 한심이와 이기를 말리고 있었다.

"너는 뭐야? 너도 짱 나는 건 마찬가지였어. 내가 참고 있었을 뿐이야."

화가 머리끝까지 올라오고 있던 한심이가 말했다.

"오한심! 너 이러기야? 더워서 짜증 날 순 있는데 번지수를 잘못 찾은 것 같아!"

"됐거든!"

이기의 말에 한심이는 오히려 더 이기를 화나게 하고 있었다. 상황이 이렇게 되자 철이도 조금씩 화가 나기 시작했다. 원래 삼총사 중에서도 한심이는 철이 없는 게 두드러지게 보였다. 평소 같으면 철이와 이기가 참고 달래 주었겠지만 날씨가 날씨이다 보니 두 사람도 한심이의 어리광을 받아줄 수가 없었다. 이렇게 한마디씩 거들다 보니 결국에는 싸움이 되고 있었다.

"야, 오한심 잘 들어. 내가 그동안 너 친구니까 많이 봐 줬어. 철 없이 굴고 이기적으로 행동해도 친구니까 참아 줬다고. 그런데 이번에는 못 참겠어. 덥고 짜증이 나는 것은 우리도 마찬가지야!"

이기가 딱 부러지게 말했다.

"다 필요 없어. 니들도 다 똑같아."

한심이는 그래도 계속해서 고집을 부렸다. 사실 알고 보면 화가 날 일이 아무것도 없었다. 단지 날씨가 사람을 좀 날카롭게 했던 것이었다.

"너 앞으로 우리랑 친구하려고 하지 마. 네 투정 받아 주는 것도 한 번 두 번이지. 이젠 안 그래!"

이렇게 말하고는 이기가 철이를 데리고 먼저 가 버렸다. 한심이는 그때까지도 뭐가 그리 화가 났는지 실룩거리고 있었다. 그날 이후로 한심이는 두 사람에게 연락을 하지 않았다. 그것은 두 사람도 마찬가지였다. 그러던 어느 날 한심이는 함께 있는 철이와 이기를 우연히 만났다. 철이와 이기는 한심이에게 심하게 했다 싶어 한심이의 화를 풀어 주어야겠다는 생각을 하고 있던 참이었다. 하지만 철이와 이기가 한심이에게 말을 걸기도 전에 한심이는 쌩하고 지나가 버렸다.

"저 녀석, 여전하구나! 맘에 들지 않아."

"야, 그래도 우리도 좀 심했어. 친구의 나쁜 점은 좋게 해서 고치도록 만들어야 하는데, 그날 우리도 신경이 좀 날카로웠던 건 사실이잖아."

"그렇긴 해. 그런데 저 녀석 저대로 두면 화가 안 풀릴 건데, 어쩌지?"

두 사람은 한심이의 화를 풀어 주기 위해 다시 머리를 모으기 시작했다.

"아, 맞다. 그거야!"

"뭐?"

"옛날부터 그랬잖아. 한심이는 옥상에서 파티하는 거 원츄라고. 근데 마땅한 옥상이 없는 것 같아 속상하다고."

"그랬었지! 그럼 우리가 옥상을 한 번 알아보자. 그래서 깜짝 파티를 열어 주자."

두 사람은 한심이가 입버릇처럼 말하던 옥상 파티를 구상해 보기로 했다. 옥상을 구하는 것부터가 쉽지는 않았다. 어린아이들에게 선뜻 옥상을 내줄 사람이 없었던 것이었다. 생각하던 두 사람은 학교 옥상에 한심이를 초대하기로 했다. 두 사람은 모든 파티 준비를 끝낸 후에 다른 친구에게 한심이를 옥상으로 데려오게 부탁했다.

다른 친구가 한심이를 불러오는 사이 두 사람은 한심이가 좋아하는 음식들을 준비하고 있었다. 한심이는 유독 콜라를 좋아했다. 두 사람은 그런 한심이를 위해 콜라도 최고 큰 것으로 준비해 두었다. 그런데 시간이 아무리 흘러도 한심이가 오지 않았다. 두 사람은 점점 기다림에 지쳐 가고 있었다. 드디어 한심이가 왔고, 두 사람은 한심이의 기분을 풀어 주기 위해 온갖 쇼를 다 보였다. 그제야 소심한 한심이는 마음을 조금 푸는 듯했다. 마음이 조금 풀린 듯했던 한심이는 제일 좋아하는 콜라를 열려고 했다. 하지만 한심이가 콜라를 집기도 전에 콜라병이 '펑' 하고 폭발해 버렸다. 이렇게 되자 한심이는 그나마 풀리려던 기분이 다시 나빠지기 시작했다.

"니들 일부러 그런 거지? 나 놀라게 해 주려고 부른 거지? 니들 짜증 제대로다."

"아냐, 한심아! 우리도 모르는 일이야. 정말이야."

"그래. 우리가 너 기다린다고 얼마나 힘들었는데, 이것도 얼마나 열심히 준비했고!"

"믿을 수 없어. 니들이 계획한 것임에 틀림없어."

한심이는 두 사람을 믿으려 하지 않았다. 이미 콜라가 폭발해 버린 파티장은 엉망이 되어 있었다. 두 사람은 파티보다 한심이의 오해를 풀어 주는 것이 급했다. 그래서 두 사람은 화학법정의 힘을 빌리기로 했다.

밀폐된 탄산음료일 경우 외부 온도가 높아지면
탄산가스의 부피도 커집니다. 이 탄산가스의 압력을
이기지 못하면 병이 폭발하게 되는 것이지요.

콜라가 폭발한 이유는 무엇일까요?
화학법정에서 알아봅시다.

판결을 시작하겠습니다. 화치 변호사, 변론
하세요.

판사님, 제가 콜라광이거든요? 그런데 콜
라가 폭발한 것을 본 적은 한 번도 없었어요. 콜라가 쉽게 폭
발한다면 전 아예 콜라를 입에도 대지 않을 겁니다.

자신이 보지 않았다고 절대 그럴 리가 없을 거라는 확신은 어
디서 나오는 건가요?

원래 사람은 본대로 믿는 거라니까요. 따라서 두 친구가 한 친
구를 골려 주기 위해 무언가를 장치했을 것입니다.

케미 변호사, 변론하세요.

시원한 탄산음료는 더운 여름 우리의 갈증을 해소시켜 주는
음료이지만 동시에 위험한 음료일 수도 있습니다. 과학식품
관리협회 조심해 연구원을 증인으로 요청합니다.

소심하게 몸을 움츠린 조심해 연구원이 이곳저곳을 둘러
보더니 증인석에 앉았다.

하시는 일에 대해 설명해 주세요.

저야 뭐 식품을 어떻게 하면 안전하게 관리할 수 있는지 연구합니다.

탄산음료의 톡 쏘는 느낌은 무엇 때문인가요?

탄산음료에 녹아 있는 탄산가스가 톡 쏘는 느낌을 줍니다. 탄산가스는 음료수가 차가울수록 많이 녹아 있어 톡 쏘는 맛을 더욱 많이 주죠.

온도가 높아지면 탄산가스가 음료수에서 빠져나오겠군요.

그렇죠. 기체는 물이 차가울수록 더 많이 녹아요. 그 반대로 물이 뜨거워질수록 더 많이 안 녹게 되는 것이죠.

만약 뚜껑을 열지 않은 탄산음료 병을 오랫동안 더운 곳에 놔 두면 어떻게 될까요?

일단 음료수에서 탄산가스가 나올 겁니다. 그리고 부피가 엄청나게 커지는데 뚜껑을 열지 않았다면 탄산가스의 압력에 못 이겨 결국 병이 터집니다.

탄산음료 안에는 탄산가스가 녹아 있습니다. 이 탄산가스는 온도가 낮으면 더 많이 음료수 안에 녹아 있고 온도가 높으면 음료수 밖으로 빠져나옵니다. 거기다 날씨가 더울 때 뚜껑을 닫은 탄산음료의 경우 음료수 밖으로 빠져나온 탄산가스의 부피가 커지면서 병 안의 압력이 높아집니다. 그러다가 탄산가스의 압력을 이기지 못하면 병이 폭발하는 것이죠.

판결하겠습니다. 이번 사건은 뚜껑을 열지 않은 콜라병을 더운 여름날 밖에 장시간 놔두어 탄산가스의 압력에 못 이긴 병이 터진 것이므로 두 친구에게는 아무 잘못이 없습니다.

콜라의 발명

전 세계에서 가장 사랑 받는 음료 코카콜라는 1886년 미국 조지아주 애틀랜타에서 약국을 경영하던 펨버턴(John S. Pemberton, 1831~1888)에 의해 발명되었다.

그는 코카잎에서 추출한 음료수를 개발해서 '프렌치 와인 오브 코카' 라는 이름으로 판매를 시작했으나 소비자들이 술인 줄 알고 별 반응을 보이지 않자, 콜라 열매 추출물을 첨가해서 '코카콜라' 라는 이름을 붙이고 보기 좋은 로고를 넣어 광고를 했다. 그러자 폭발적 반응과 함께 대성공을 거두게 되면서 콜라 제국이 탄생되었다. 그리고 동업자였던 로빈슨에 의해 현재의 코카콜라 상표가 만들어졌는데, 상표에 적색과 백색을 사용한 것은 당시의 약국 건물이 이 두 가지 색으로 칠해져 있었던 것에서 연유한다.

초코파이가 빵인가?

비스킷 사이에 마시멜로를 넣어 만든 초코파이는 과자일까요, 빵일까요?

"제빵아, 사람은 밥을 먹어야 사는 거야. 너처럼 빵만 먹어서는 힘을 못 써요."

"그래, 엄마 말이 맞다. 우리 제빵이는 딴 건 다 좋은데 음식 편식이 너무 심하단 말이야."

김제빵 씨는 태어날 때부터 과자와 빵을 물고 난 사람 같았다. 어찌나 그런 종류의 음식을 좋아했는지 어릴 때부터 그 부분에 있어선 박사 수준이었다. 그래서 과자를 사 먹으러 가는 아이들은 항상 제빵이를 거치곤 했다.

"제빵아, 나 칩 종류가 먹고 싶어. 어떤 게 좋을까?"

"어떤 맛을 원해? 단 거, 아님 짠 거?"

"응, 난 이젠 짠 건 별로야. 좀 단 걸로 추천해 줘."

"지난번에 내가 추천해 준 아삼삼칩은 먹어 봤어?"

"응, 완전 좋았어. 역시 넌 과자의 제왕이야."

제빵이의 추천을 받아서 맛있는 과자를 먹게 된 친구는 제빵이가 추천해 주었던 그 과자 맛을 떠올리며 얼굴 한 아름 미소를 짓고 있었다.

"역시 과자에 대한 내 미각은 알아주는군. 나 같은 친구를 둔 걸 감사해야 해."

"에이, 알았다니깐! 이번엔 달달한 칩을 좀 추천해 줘."

"그럼 이번엔 나달달칩을 한번 먹어 봐. 이건 말이야 스위트사에서 이번에 새로 나온 제품인데 입에 넣기만 하면 단맛이 입 안 가득이야."

"내 취향을 알아주는 건 너밖에 없어. 아무리 찾아도 그런 칩을 찾기가 어려웠는데 고마워! 먹어 보고 후기 말해 줄게."

이런 식으로 제빵이에게 빵이나 과자에 관해 물어오는 사람이 한 둘이 아니었다. 심지어는 학교에서 단체 간식을 고를 때도 제빵이에게 문의가 들어오곤 했다.

"제빵아, 이번에 개교기념일을 기념하여 학교에서 빵을 간식으로 넣어 줄 거야. 선생님이 제빵이의 추천을 받으려고 하는데 괜찮겠니?"

과학공화국
화학법정 5

"그런 거라면 당연히 제가 나서 드려야죠!"

"그래, 선생님은 아무리 빵을 먹어 봐도 정말 맛있는 빵을 찾기가 너무 어렵네. 우리 제빵이는 빵 맛에 있어서는 천재잖아. 선생님이 제빵이 도움 좀 받을게."

담임선생님이 아이들을 위한 빵이 어떤 것이 있을까 고민하다가 제빵이에게 부탁을 했다.

"우리 초딩들의 경우에는 딱딱한 빵보다는 부드럽고 삼키기 쉬운 빵이 필요해요. 이번에는 카스테라랑 우유가 좋지 않을까 싶은데요."

"역시! 선생님은 제빵이가 결론 내려 주리라 생각했어. 그런데 제빵아, 빵집 잘 아는데 있을까?"

"네, 선생님! 제가 자주 이용하는 빵집이 있어요. 아무래도 특별한 날에 먹는 거니깐 특별 주문을 좀 넣으시는 것이 좋을 것 같아요."

제빵이의 도움으로 선생님은 개교기념일 특별 간식을 멋지게 제공할 수 있었다. 빵을 먹은 아이들은 물론 동료 선생님들까지도 빵이 너무 맛있다며 칭찬이 자자했다.

제빵이의 빵과 과자류에 대한 안목은 뛰어났지만, 대신 제빵이는 밥을 너무 안 먹는 습관이 있었다. 하루 종일 빵과 과자만 입에 달고 사니 제빵이는 키도 크지 않았고, 몸집도 조그마했다. 그런 제빵이가 걱정이 된 부모님은 야단이었다.

"제빵아, 빵만 먹으면 몸에 필요한 영양소를 골고루 섭취하지 못해서 키가 크지 못한단다."

"그래, 우리 제빵이도 키가 쑥쑥 크고 싶지? 그러면 편식하면 안 돼요."

"괜찮아. 난 커서도 꼭 내가 좋아하는 이런 음식을 만드는 사람이 될 거야. 그니깐 괜찮아요."

"하지만 제빵아, 한참 자라는 나이에는 밥을 먹어야 키가 크고 몸도 튼튼해지는 거란다."

부모님이 아무리 타일러도 밥은 제빵이 눈에 들어오지 않았다. 거의 포기를 한 제빵이네 부모님이 한 가지 제안을 하셨다.

"그러면 이렇게 하자. 하루에 한 끼는 꼭 밥을 먹어. 그래야 우리도 빵이랑 과자같이 우리 제빵이가 좋아하는 것을 사 줄게."

부모님은 특단의 조치로 밥을 먹지 않으면 빵 사 먹을 용돈을 끊겠다고 하셨다. 그제야 제빵이는 밥을 먹기 시작했다. 하지만 제빵이의 빵과 과자에 대한 사랑은 식지를 않았다. 아니, 오히려 나이를 먹을수록 더해 갔다. 처음에는 먹는 것에서 그치던 제빵이는 나이를 한 살씩 먹어 갈수록 만들어 보는 것에 관심을 가지기 시작했다. 다른 아이들은 학원 문턱이 닳도록 공부하러 다닐 때 제빵이는 제과제빵 학원에 등록을 했다.

"공부 진짜 열심히 할게요. 어차피 제과제빵을 공부하려면 대학도 가야 해요. 그러니깐 우선 제과제빵 학원에 등록만 시켜 주세요."

제빵이가 부모님 앞에 무릎 꿇고 앉아 진중하게 말하고 있었다.

제빵이의 제과제빵에 대한 사랑을 잘 알았던 부모님은 제빵이가 학교 공부도 소홀히 하지 않는다는 조건하에서 허락을 해 주었다. 그렇게 남들보다 일찍 제과제빵의 길에 들어서게 된 제빵이는 약속대로 학교 공부는 물론이거니와 제과제빵 공부에도 소홀히 하는 법이 없었다. 이제 대학생의 나이가 된 제빵이는 당당하게 제과제빵 대학교에 들어가게 되었다.

"거봐요, 제가 약속은 꼭 지킨다고요!"

"그래, 우리 아들 장하다. 네가 하고 싶은 길에 들어선 만큼 더 열심히 해 봐. 열심히 하는 데는 이기는 자가 없는 거야."

대학에 들어가자 부모님도 전폭적으로 제빵이를 지지해 주었다. 대학생이 된 제빵이는 그 어느 때보다도 열심히 제과제빵 공부에 매진했다. 밤을 낮 삼아 열심히 연구하던 제빵이는 대학을 졸업하면서 기대의 야심작을 발표했다. 그것은 초코파이라는 제품이었다. 수년간 공을 들인 제빵이의 초코파이는 엄청나게 팔려 나가고 있었고 제빵이는 제과제빵 업계에서도 어느 정도 지위를 가질 수 있게 되었다.

그러던 어느 날, 제빵 협회와 제과 협회가 하나로 통일이 되어 있다가 두 회장이 싸우는 바람에 두 개의 협회로 나뉘게 되었다는 소식이 들려왔다. 이렇게 되자 예산도 분리되어 버렸다.

소식을 들은 제빵이는 초코파이 연구 지원비를 제과 협회에 신청했다. 그런데 제과 협회에서는 초코파이를 빵이라 하며 제빵 협회로 가 보라고 했다. 그래서 제빵 협회로 갔더니 이번에는 초코파이를 비스킷이라 하며 제과 협회로 가라고 했다. 두 협회에서 미루기만 하자 제빵이도 피곤해졌다. 그리하여 제빵이는 화학법정에 이 문제에 대한 해답을 요구하게 되었다.

초코 코팅 전의 초코파이는 비스킷입니다.
그러나 비스킷 사이에 마시멜로의 수분이 스며들게 되면
촉촉해져서 빵처럼 보이는 것이랍니다.

초코파이는 빵일까요?
화학법정에서 알아봅시다.

판결을 시작하겠습니다. 화치 변호사, 변론 하세요. 화치 변호사? 화치 변호사!

냠냠! 네엥.

변론하라고 했더니 뭐하고 있습니까?

꿀꺽! 진짜 맛있네. 초코파이 먹고 있었습니다.

또 먹어, 또! 이번에는 무슨 변명을 하시려고요?

초코파이가 과자인지 빵인지 확인해야 할 것 아닙니까! 제가 먹어본 결과 빵입니다.

왜 그렇죠?

보통 과자는 딱딱하고 바삭해야 합니다. 그렇지만 초코파이는 빵처럼 부드럽고 촉촉합니다. 따라서 초코파이는 빵입니다.

들고 보니 일리 있네. 케미 변호사, 변론하세요.

저도 처음에는 초코파이가 빵인 줄 알았습니다. 그렇지만 김 제빵 씨가 가져온 재료를 보았을 때 초코파이는 과자, 더 정확 히 비스킷입니다. 제과제빵 전문가 카스테 씨를 증인으로 요 청합니다.

하얀 요리사 모자를 쓴 카스테 씨가 증인석에 앉았다.

초코파이는 과자일까요, 빵일까요?

완성작으로 봤을 때는 빵인 것 같은데 초코 안 씌운 걸로 좀 볼 수 있을까요?

케미 변호사가 김제빵에게서 가져온 초코 코팅 전의 초코파이를 보여 주었다.

음, 이것은 비스킷이군요.

어째서 비스킷입니까?

잘 보세요. 빵이라고 생각한 부분을 쪼개면 딱 부러집니다. 즉 딱딱하다는 것이죠. 이것은 비스킷이라는 것입니다.

그런데 나중에 빵처럼 촉촉해지잖아요.

그것은 비스킷 사이에 있는 마시멜로 때문일 겁니다. 가운데 있는 마시멜로 수분이 비스킷으로 스며들어 비스킷이 촉촉해 지는 것이죠.

초코파이는 비스킷 사이에 마시멜로를 넣어 만든 것입니다. 그런데 마시멜로에 있는 수분이 비스킷으로 스며들어 비스킷 이 촉촉해지며 빵처럼 되는 것입니다. 따라서 초코파이는 과 자입니다.

판결합니다. 초코파이는 비스킷 두 개 사이에 마시멜로를 넣어서 만듭니다. 이때 마시멜로의 수분이 물기가 거의 없는 비스킷으로 스며들어 비스킷이 부드러워지는 것이고 그게 빵처럼 느껴지는 것입니다. 따라서 초코파이는 제과협회에서 연구 지원비를 주어야 합니다.

 마시멜로

마시멜로는 초코파이 중간에 있는 하얀 떡 같은 것인데 전분, 젤라틴, 설탕 따위로 만드는 연한 과자를 말한다. 원래는 양아욱의 뿌리를 가리킨다. 상점에서 살 수 있는 마시멜로는 가래떡과 인절미 중간 정도의 찰진 정도이다. 하얀 것도 있고 색소를 입혀 분홍 빛깔이 나는 것도 있다. 미국에서는 아이들이 마시멜로를 불에 구워 먹기도 한다.

빵을 먹었는데 음주라니요?

크림빵을 먹고 음주 측정기를 불면 어떻게 될까요?

사건속으로

"한수야, 배추 뽑으러 가야지!"

"드디어 배추 철이 온 거야?"

"아따, 한수야!"

"알았어요, 나가요."

농촌에 살았던 이한수 씨는 김장철이 되면 일손을 돕기 위해 밭으로 나가야 했다. 학교가 농촌에 있었던 터라 학교에서도 김장 방학을 할 정도로 김장철에는 바쁜 마을이었다.

"아유, 아버지! 내가 아들인데 배추보단 좀 귀하게 여겨 줘요."

"이놈아, 배추가 없으면 학교도 못 가고 밥도 못 먹는다고. 잔말 말고 배추 뽑으러 언능 나와."

다른 지역의 아이들은 공부하고 있을 시간에 이한수 씨는 배추를 캐고 있었다. 한수 씨는 부모님을 돕는 것이 당연하다고 생각은 했다. 하지만 매해 배추 뽑는 시간이 돌아올 때마다 불평이 생기는 것은 어쩔 수 없었다. 그렇지만 한수 씨는 일단 배추를 뽑으러 나가면 누구보다 성실하게 일하는 청년이었다.

이렇게 한수 씨가 열심히 뽑아 놓은 배추는 곧바로 시장으로 팔려 나갔다. 한수 씨네는 배추 농사에 있어서는 꽤나 유명한 집이었다. 배추가 크고 맛있기로 소문이 나 있었다. 그래서 시장에 나간 한수 씨네 배추는 아주 잘 팔렸다.

배추를 뽑아서 시장에 내다 팔고 오면 그제야 한수 씨네 집에서도 김장이 시작되었다. 김장을 시작하면 또 한수 씨가 해야 할 일이 많아졌다. 김장을 하기 위해서는 양념을 섞어야 했다. 그런데 한수 씨네 집에서 어찌나 김장을 많이 담그는지 양념만 해도 한 드럼통은 되었다.

그 많은 양념을 섞는 것이 한수 씨의 일이었다.

"엄마, 우리 인제 김치 조금씩 담가 먹으면 안 될까?"

"이 귀찮은 짓을 매번 어케 하니? 한 번에 딱 다 해 두는 게 낫지."

어찌나 김장이 힘들었던지 한수 씨가 엄마에게 불평하고 있었지만 엄마에게는 씨알도 안 먹히는 소리였다. 김장은 배추를 뽑는 것보다 훨씬 힘들었다. 양념을 섞는 데서 그치는 것이 아니라 배추에 양념을 넣어야 했다.

"이제 허리 좀 펴나 싶었는데, 이제 배추에 양념 넣어야겠네."

"인석아, 이 엄마는 오십 년 동안 김장을 해 왔는데 아직 몇 년 하지도 않은 녀석이 무슨 군소리가 그리 많니?"

"그렇다고 내가 일을 안 하는 것도 아닌데 구박은, 흥!"

"말이나 안 하면 밉진 않지. 너는 일을 다 하고도 그 입이 항상 문제야."

"내 입이 어디 가겠어요?"

그래도 이렇게 수다스러운 한수 덕에 김장하는 내도록 사람들이 지루해하지는 않았다. 이렇게 김장을 하노라면 하루해가 훌쩍 넘어가 있었다. 김장을 끝내고 나면 그날은 거의 축제 분위기였다. 김장 김치를 펼쳐 놓고 따뜻한 밥에 걸쳐서 먹는 것이 거의 전통처럼 이어져 왔다.

"이제 거의 다 되어 가는데, 엄마! 이제 밥 먹을 준비할까요?"

"말은 젤 많던 녀석이 먹을 시간은 째깍째깍 알아가지고. 그래, 오늘은 이렇게 다 둘러앉아서 김장 김치랑 밥 먹는 날이니깐. 준비해 봐."

하루 종일 김장을 하고 있노라면 배가 절로 고파 왔다. 그래서 이날은 돼지고기에 김치를 곁들여 먹곤 했다. 엄마의 식사 준비하라는 말에 한수는 신바람이 났다. 배가 엄청 고파 오던 터였기 때문이었다.

"역시 김장 김치 맛이 최고라고!"

"녀석, 김장하는 내내 말만 많더니 먹기는 젤 많이 먹는구나. 그래, 많이 먹고 쑥쑥 커라."

"그래도 내 수다 덕에 심심하진 않았잖아요, 엄마!"

"그래 네 덕에 웃으면서 김장했다."

김장을 담근 사람들이 모두 빙 둘러앉아 맛있는 식사를 즐기고 있었다.

"김치 같은 좋은 음식을 누가 만들었는지, 우아! 이거 완전 꿀맛이야."

"녀석 또 설레발은. 이제 밥 좀 먹자. 네 이야기 듣느라고 밥도 못 먹겠다."

일행이 한창 밥을 먹고 있을 그때, 새로 이사 온 사람이 인사하러 이집 저집을 들르고 있었다. 때마침 한수 씨네 집에 새로운 이웃이 들어왔다.

"저, 새로 이사 온 사람인데요. 마을 분들에게 인사드리러 다니는 중이에요."

"그러세요? 마침 잘 오셨어요. 오늘 김장을 했는데 식사라도 함께 하고 가시죠."

"초면인데 그래도 되겠어요?"

"아유, 이제 이웃사촌인데요. 원래 김장한 날은 다들 나눠 먹는 거라잖아요."

새 이웃사촌은 이렇게 한수 씨네 집에서 저녁을 함께 하게 되었다. 이웃 아저씨는 딸과 함께 왔다. 그런데 한수 씨의 눈에는 그 딸이 가지고 있던 빵이 그렇게 맛있어 보일 수 없었다. 참다못한 한수 씨가 꼬마에게 빵 한 조각만 달라고 해서 얻어먹었다.

시골에서 자랐기 때문에 이한수 씨가 먹는 것은 삼시 세 끼 밥이 전부였다. 그런 한수 씨였기에 빵은 귀한 것일 수밖에 없었다. 귀한 빵을 먹은 한수 씨의 눈에는 새로운 세상이 펼쳐지는 것만 같았다. 어른이 되어 도시에 나가 살게 되면 자신은 꼭 하루에 한 끼는 빵을 먹겠다고 결심했다. 그 후, 도시로 나오게 된 한수 씨는 그 다짐을 꼭꼭 지키고 있었다.

한수 씨는 퇴근길이면 꼭 빵집에 들러서 빵으로 저녁을 해결하고 왔다. 그때의 그 빵 맛이 인상 깊었던지 빵은 먹고 또 먹어도 질리지 않았다.

그러던 어느 날이었다. 그날도 한수 씨는 밥 대신 빵을 먹고 행복감에 취해 집으로 오고 있었다. 한수 씨가 가는 빵집은 회사 근처라서 집으로 오려면 차를 운전하고 와야 했다. 한참 운전을 해 오고 있는데 앞에서 경찰들이 음주 측정을 하고 있었다. 술이라면 한 방울만 들어가도 취하고 마는 한수 씨는 자신 있게 음주 측정기를 불었다. 그런데 갑자기 '음주 상태'라는 표시등에 불이 들어왔다.

"그럴 리가 없는데, 난 술 마시면 기절해서 술을 못 먹어요."

"이 양반 보시게! 여기 증거가 있잖아요?"

"내가 먹은 거라고는 빵밖에 없어요. 그런데 음주 측정기에 불이 들어오면 말이 안 되죠."

"그럼 빵가게서 술탄 빵을 팔았겠죠."

한수 씨는 억울함에 눈물이 다 흐르고 있었다. 억울했던 한수 씨는 결백을 증명하기 위해 결국 빵가게를 고소하게 되었다.

알코올 성분이 들어가는 크림빵, 가스 소화제,
구강 청정제, 구강 스프레이의 경우 음주 측정기에 반응하기도
합니다. 약 5분이 지나면 알코올 성분이 날아가므로
걱정할 건 없답니다.

빵을 먹어도 음주 측정기에 걸릴까요?
화학법정에서 알아봅시다.

 피고 측 변론하세요.

 음주 측정기는 사람의 피 속에 알코올이 얼마나 있는지 측정하는 것입니다. 즉, 알코올이 주성분인 술을 얼마나 많이 마셨느냐를 측정하는 것이지요. 그런데 음주 측정할 때 변명도 가지각색이라더니 빵을 먹고 걸렸다니 이상한 변명이군요.

원고 측 변론하세요.

이한수 씨는 술을 전혀 못하는 사람입니다. 운전 전에 먹은 것이라고는 고작 빵밖에 없죠. 그런데 이 빵도 음주 측정에 걸릴 수 있습니다. 음주 측정기 개발자 취하니 씨를 증인으로 요청합니다.

얼굴이 빨갛고 눈이 살짝 풀린 취하니 씨가 증인석에 앉았다.

음주 측정기는 꼭 술을 마셨을 경우에만 반응합니까?

그런 목적으로 만들었지만 아무래도 완벽하지 않은 기계다 보

니 엉뚱한 것에서 반응하는 경우도 있습니다.

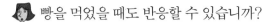

빵을 먹었을 때도 반응할 수 있습니까?

네, 모든 빵은 아니고 크림이 들어간 빵에 반응할 수 있습니다.

왜 그런 것이죠?

크림을 만들 때 술을 약간 넣는데 빵을 먹었을 때 크림 안에 있는 술이 입 안에 남아 있어서 기계에 반응하는 경우가 있습니다.

빵 이외에도 다른 것이 있습니까?

가스 소화제나 구강 청정제, 구강 스프레이가 반응하는 경우가 있습니다. 이들에도 알코올 성분이 있기 때문이죠.

가스 소화제를 마셨거나 구강 청정제, 구강 스프레이를 사용했을 때 운전하면 안 되겠군요.

방금 사용했을 때는 음주 측정기에 반응하지만 약 5분 후쯤이면 반응하지 않습니다. 입 안에 남아 있는 알코올 성분이 숨을 쉬면서 날아가기 때문이죠.

음주 측정기는 운전자가 술을 마셨는지 안 마셨는지 측정하는

음주 측정기의 원리

음주 측정기 안에는 백금 전극이 달려 있다. 알코올 분자가 백금 전극의 양(+)극에 달라붙으면 알코올이 전극에 전자를 하나 주고, 이 과정을 통해 전류가 흐른다. 내쉬는 숨 속에 알코올 분자가 많으면 그만큼 전자를 많이 주고 결국 전류의 세기가 커진다. 이 전류의 세기를 측정하면 혈중 알코올 농도가 나온다.

1장_요리와 음식에 관한 사건

기계이지만 간혹 술과 같은 성분인 알코올이 들어간 제품을 사용하고 측정해도 걸리는 경우가 있습니다.

 판결합니다. 운전자인 이한수 씨는 술을 전혀 하지 못하는 사람이고, 빵을 매우 좋아합니다. 빵 중에서 크림빵의 경우 크림을 만드는 재료 중 하나로 술이 있으므로 그 술이 입 안에 남아 음주 측정기에 걸린 것입니다. 따라서 이한수 씨는 음주 운전을 하지 않았습니다.

버터 화장품

우유에서 분리해 만든 버터로 화장품을 만들 수 있을까요?

"오우, 허니! 당신의 눈빛에 내가 완전 타 버릴 것 같아."

"오우, 달링! 당신 그 니글거리는 목소리에 내 마음이 녹을 것 같아요."

진허니와 하바타는 남들이 알아주는 닭살 커플이었다. 두 사람은 식품 관리국의 동료로 만났다. 처음 직장에 들어오고 나서 직장에서는 신입 사원 교육을 위한 모임을 가졌다. 갓 대학을 졸업한 진허니와 하바타는 우선 취업을 했다는 것만으로도 감사한 마음이었다. 식품 관리국은 모든 대학 졸업생들이 오고자 하는 탄탄한 직장이었다. 그 뚫기 어렵다는 취업난을 뚫고서 직장을 가진 것만도 감사한데 그 첫 직장이 식품 관리국이라는 데에 진허니와 하바타 씨는 내심 우쭐함이 없지도 않았다.

"이태백, 이 시대의 태반이 백수인 시대에 엄청난 경쟁률을 뚫고 내가 여기에 합격하다니! 완전 감사합니다."

식품 관리국의 전화를 받은 진허니 씨가 감격에 겨워 혼잣말을 중얼거리고 있었다. 한편 곁에서는 하바타 씨가 전화통을 붙들고 있었다.

"오 마이 갓! 하늘이 날 도우셨어. 감사합니다, 감삼돠. 내가 대학교 1학년 때부터 꼭 오고 싶었던 곳이었는데 내게 기회를 주시다니, 정말 감사합니다."

합격 소식을 들은 두 사람은 이것이 생시인지 꿈인지 알 수가 없었다. 두 사람은 너무 기뻐서 그 자리에서 개다리 춤을 추고 덤블링을 넘고 난리도 아니었다. 그렇게 합격의 기쁨을 누리던 두 사람은 서로의 모습을 보고 정신을 가다듬었다.

"그쪽도 이 회사에 합격하셨나 보죠?"

"그럼 그쪽도 합격이신가 봐요. 우리 그럼 입사 동기가 되겠군요."

두 사람의 기분이 너무 업되어 있었던지라 두 사람은 처음 보는 사람임에도 불구하고 쉽게 말을 꺼내고 있었다.

"어머, 이것도 인연인가 봐요. 여기서 입사 동기를 보게 될 줄은 몰랐어요."

"저도요, 그런 의미에서 우리 차라도 한잔 할까요? 시간 어떠세요?"

"전 괜찮아요. 그쪽도 괜찮으신 거죠?"

"네, 당근이죠."

이렇게 그날 처음 본 두 사람은 금방 친하게 되었다. 게다가 이제는 한 회사에서 일하게 되어서 더 할 이야기가 많았다.

"근데 입사 시험 보러 가는 날 너무 떨리지 않았어요? 전 너무 긴장해서 안정제까지 먹고 갔어요."

"전 저만 그런 줄 알았어요. 그쪽도 그러셨구나. 흐흐!"

"이건 면접관들이 앉아 있는데, 다리가 바들거리는 게 어느새 보니 제가 개다리 춤을 추고 있더라고요. 하하하!"

"아, 유명해요. 그 개다리 춤 일화. 식품 관리국 지원자 카페에 글 올리신 그분이구나."

알고 봤더니 두 사람은 같은 카페 회원이기도 했다. 의외로 두 사람은 말이 너무 잘 통했다. 첫 만남 이후로 두 사람은 입사 전까지도 몇 번이나 연락을 주고받으며 친목을 쌓았다. 이렇게 친구처럼 친하게 지내던 두 사람은 신입 사원 오리엔테이션에서 연인의 관계로 발전하게 되었다. 신입 사원 오리엔테이션은 생각보다 너무 힘들었다. 여자들이 견디기에는 험난한 과정들이 좀 보였다. 그때마다 하바타 씨가 알게 모르게 진허니 씨를 도와주었다.

"조심해야지, 허니! 다치겠어. 저기 사관 분 보시기 전에 얼른 일어나."

"고마워. 너 없었으면 정말 힘들었을 거야. 너 나한테 완전 복덩이인 거 알지?"

신입생 교육을 다 마치고 나자 어느새 진허니 씨와 하바타 씨는 거의 공식 커플이 되어 있었다. 그 이후로 두 사람의 사랑은 깊어져만 갔다. 친구였을 때는 보이지 않았던 사랑스러운 모습이 서로에게 많이 보이기 시작했다. 그리고 같은 회사에서 근무하다 보니 마주칠 기회가 많아서도 그랬다.

"허니, 우리 허니! 오늘 점심은 맛나게 드셨어? 우리 공주님, 내가 밥 먹여 줘야 하는데잉."

"아이 몰라, 몰라! 우리 자기는 맛있는 밥 먹었어? 바빠서 우리 자기 볼 시간이 줄어들고 있단 게 너무 슬퍼잉."

두 사람이 어찌나 닭살을 떨었던지 덕분에 곁에 있는 사람들이 너무 괴로워했다.

"지상 최대의 닭살 커플이야, 저들은."

"쟤들 보고 있으면 너무 니글거려서 밥도 안 넘어가겠어."

"왜, 보기 좋잖아. 당신들이 애인이 없으니까 그런 거야. 쿡쿡!"

동료들이 놀리듯이 다들 한마디씩 했다. 하지만 두 사람은 오히려 그 놀림마저도 행복할 만큼 사랑하고 있었다.

두 사람이 근무하는 과학공화국 식품 관리국에서는 최근 많은 양의 버터를 만들어 내고 있었다. 그런데 이 버터가 보기 드물게 질이 좋았다. 소문을 들은 많은 사람들이 버터를 주문했음은 물론이었다.

입사한 지 6개월에 접어들자 식품 관리국에서는 신입 사원들을 다시 발령 내기 시작했다. 신기하게도 하바타 씨와 진허니 씨는 같은 부서에 발령을 받았다. 두 사람은 지금 붐이 일고 있는 버터와 관련한 업무를 보게 되었다.

같이 일하게 된 두 사람의 업무 능력은 그야말로 최고조에 이르렀다. 연인이 붙어 있으면 더 일을 안 할지도 모른다는 우려와는 달리 두 사람은 제 몫을 해내고 있었다. 이런 두 사람의 노력까지 더해져서 식품 관리국의 버터는 수출까지 하게 되었다. 이렇게 되자 식품 관리국의 수입은 아주 짭짤해졌다.

이런 식품 관리국과는 달리 화장품 관리국은 최근에 수출 부진으로 수입이 뚝뚝 떨어지고 있었다. 그러던 중 화장품 관리국의 연구원이 버터가 화장품의 재료로 시작되었으니 화장품 관리국에서 관리해야 한다는 주장을 하기 시작했다.

"화장품 관리국이 너무 억지를 쓰는 것 같아. 어떻게 식품을 화장품 관리국에서 관리를 하지?"

"우리 식품 관리국이 너무 잘하니깐, 샘나서 그런 거 아냐? 자기들은 망하고 있잖아!"

"그래도 너무하지. 아무리 화장품에 버터가 들어갔다 해도 화장품은 화장품일 뿐이야."

하바타 씨와 진허니 씨는 도무지 화장품 관리국의 처사를 이해할 수가 없었다. 화장품 관리국의 요구가 식품 관리국의 수입에 영향을 미칠지도 모른다는 우려에 화학법정에 고소하기로 했다.

우유에서 분리해 낸 지방으로 만든 것이 버터입니다.
그리스, 로마 시대에는 이 버터를 화장품이나
약으로 쓰기도 했답니다.

버터가 화장품으로도 쓰였을까요?
화학법정에서 알아봅시다.

 원고 측 변론하세요.

 우리는 버터를 빵에 발라 먹거나 빵을 만들

때, 서양 요리를 만들 때 등등 먹는 것에 많

이 씁니다. 그런데 이것이 어떻게 화장품이었다는 말이죠? 버

터를 얼굴에 바른다고 생각하니 제 피부가 다 가렵네요.

 피고 측 변론하세요.

 버터는 지금 식용으로 쓰이고 있지만 과거에도 식용으로 쓰였

을까요? 음식 역사 연구가 로마리오 씨를 증인으로 요청합니다.

기름기가 얼굴에 좔좔 흐르고 묶은 긴 머리를 휘날리며
로마리오 씨가 '오, 베이비!' 라고 말하며 증인석에 앉았다.

 버터의 시작은 언제 어디서인가요?

 버터의 기원은 크게 두 가지로 나누고 있답니다.

 그 두 가지가 무엇이죠?

 하나는 기원전 3천 년경에 바빌로니아에서부터 시작되었다는

설과 또 하나는 인도에서 시작되었다는 설이 있습니다.

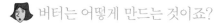

버터는 어떻게 만드는 것이죠?

우유에서 지방을 분리해 크림으로 만들죠. 그 후 세게 휘저어 엉기게 한 다음 굳힌 것이 버터입니다.

버터는 처음부터 식용으로 쓰였나요?

아니요. 그리스, 로마 시대에는 화장품이나 약으로 사용되었답니다.

버터가 없으면 어떻게 요리를 했다는 것이죠?

그때는 올리브유를 식용유로 많이 썼습니다.

우유에서 만든 버터는 지금은 식용으로 쓰고 있지만 과거 그리스, 로마 시대에는 화장품이나 약으로 쓰였습니다.

판결합니다. 버터는 우유에서 분리한 지방으로 만든 고체이며 그리스, 로마 시대에는 화장품이나 약으로 쓰였습니다. 그러나 지금은 화장품에도 쓰이기도 하겠지만 식용으로 더 많이 쓰이므로 화장품에 쓰이는 버터는 화장품 관리국이, 식용으로 쓰이는 버터는 식품 관리국이 관리하시기 바랍니다.

 버터와 마가린의 차이

마가린이나 버터는 모두 지방으로 만든 것이다. 쉽게 말하면 기름이라고 할 수 있다. 마가린은 동물이나 식물의 지방으로 만드는데 버터는 우유의 지방으로 만든다. 따라서 많은 양의 버터를 만들 수 없기 때문에 대용품으로 개발해 낸 것이 마가린이며, 인조 버터라고도 한다.

과학성적 끌어올리기

컵라면은 어떻게 해서 더운물을 붓기만 하면 먹을 수 있게 되나요?

전분질은 조리하지 않은 경우에는 이른바 베타 전분이라고 불리는 형태가 되어 있어요. 베타 전분은 물과 잘 섞이지 않고 먹어도 맛이 없죠. 그런데 가열을 하면 이 베타 전분이 알파 전분으로 변해요. 알파 전분은 물과 잘 섞이고 소화도 잘되죠. 가열 조리하는 것이 '전분의 알파화'의 과정이랍니다. 단, 오랫동안 방치해 두면 다시 천천히 베타 전분으로 변해 버리는 경향이 있어요.

컵라면은 알파화한 전분이 원래대로 변하지 않도록 처리가 되어 있으므로 더운물을 붓고 3분 정도만 불리면 먹을 수 있는 것이죠.

야채를 데칠 때 소금을 넣는 이유는?

첫 번째 이유는 삶고 난 후에도 선명한 녹색을 유지하기 위해, 또 하나는 모양을 잘 간직하도록 하기 위해서랍니다.

녹색의 야채에는 예외 없이 엽록소가 포함되어 있는데, 나트륨염의 형태에서 원래보다 색깔이 더 선명해지죠. 그런 까닭으로 고사리나 산나물류 등 종류에 따라서는 소금 대신에 소다를 사용해서

위의 두 가지 이유 말고도 떫은맛을 제거하는 경우도 있죠. 물로만 가열하면 식품의 표면은 대량의 물 분자를 짧은 시간에 흡수하기 때

문에 모양이 변형되기가 쉽죠. 내부까지 물이 스며들지 않으면 표면만 익고 안은 연한 상태로 있게 되죠. 연하게 된 부분은 모양이 변하기 쉽고요.

물에 넣기 전에 소금을 뿌려 두는 것도 효과가 있어요. 풋콩이나 누에콩을 소금 간을 한 후에 삶는 것이라든지, 씻은 콩에 소금을 뿌려서 잠깐 두었다가 끓는 물에 넣어도 맛이 있답니다.

빵에는 왜 구멍이 뚫려 있나요?

소맥분과 물을 섞어서 만든 '반죽'으로는 바삭바삭한 과자를 만들 수 없어요. 하지만 이 반죽에 이스트균과 설탕과 소금을 더해서 '빵 반죽'을 만들어서 이를 잠시 두고 발효시키면 번식 조건이 갖추어져 이스트균이 아주 빠른 속도로 번식하죠.

빵 반죽 안에서는 다량으로 이산화탄소를 발생시키지만 반죽의 막으로 싸여 있어서 원래 부피의 몇 배로 부어오르죠. 이것을 오븐에서 구우면 작은 구멍투성이의 빵이 만들어져요. 물론 가열 처리로 이스트균은 죽어 버리기 때문에 구운 빵이 또다시 발효하는 일은 없답니다.

가전제품에 관한 사건

휴대전화가 물에 빠지지 않았다니까요

물에 빠진 휴대전화를 어떻게 구별해 낼까요?

손전화 씨는 휴대전화 마니아였다. 그는 새로 나온 휴대전화가 있다고 하면 물불을 가리지 않고 사재고 있었다. 손전화 씨가 휴대전화에 이렇게 집착하게 된 것은 중학생 때부터였다.

중학생이던 손전화 씨는 휴대전화 같은 것과는 거리가 먼 사람이었다. 손전화 씨는 공부만 죽어라고 파는 범생이 축에 속했다. 워낙 공부만 했던 손전화 씨는 아이들이 말하는 유행이나 이런 것을 따르는 것에는 전혀 익숙하지 않았다. 당시에는 손두께 두 배나 되는 휴대전화가 유행하고 있었다.

"이거, 아무나 가지지 못하는 거 알지?"

"우와! 이게 바로 그 아무나 손대지 못한다는 완소 탱크폰이야?"

"한 번만 만져 보자. 응?"

"싫어. 때 탄다 말이야."

손전화 씨 반에는 김부자라는 공주같이 생긴 부잣집 딸이 있었다. 김부자는 얼굴이 예뻐서 학교에서도 인기 짱이었다. 얼굴만 예쁜 것이 아니라 집이 엄청난 부자라 유행의 첨단을 걷고 있기도 했다. 그래서 웬만큼 김부자와 친하려면 유행에 관해서는 잘 알고 있어야 했다. 당연히 유행과는 거리가 먼 손전화 씨는 김부자의 관심 밖이었다. 김부자가 학교에 휴대전화를 가지고 온 이후로 학생들 사이에서는 휴대전화가 유행처럼 번지고 있었다.

"너 어제 김부자 휴대전화 봤어? 우아, 어떻게 그런 게 생길 수가 있어? 무선 전화기도 아니고."

"나도 휴대전화는 몇 번 보지 못했는데, 정말 자세 나오더라."

"그것도 김부자가 가지고 왔으니까 그만큼 빛이 난 것 아니겠어? 우리 학교 퀸카잖아."

학생들은 저마다 김부자의 휴대전화에 대해 이야기하고 있었다. 곧 휴대전화를 들고 다니는 학생들이 늘어나기 시작했다. 한 일 년쯤 지나자 휴대전화를 가지지 않은 친구는 대화에도 끼지 못하는 상태가 되었다.

그런데 손전화 씨는 전혀 휴대전화에 대한 생각이 없었다.

"저런 건 왜 사나 몰라. 학생들이 휴대전화 쓸 데가 어디 있다고."

"전화야, 그러니까 애들이 너더러 원시인이라 하는 거야."

"난 아무리 생각해도 휴대전화는 쓸데없는 것 같아."

"네가 이 세계를 몰라서 그래. 여기 보면 문자 보내는 기능도 있고, 벨소리도 얼마나 다양하다고!"

"난 그저 쓸모없는 것으로밖엔 안 보여."

한편 휴대전화가 유행하자 김부자는 다른 아이들이 자기 것과 똑같은 전화를 가지고 다니는 것이 여간 불편하지 않았다. 그래서 김부자는 최신 유행 휴대전화가 나올 때마다 재빨리 휴대전화를 바꾸었다.

공부에 매진했던 손전화 씨에게는 유일하게 하나의 고민이 있었다. 손전화 씨는 마음속으로 오랫동안 좋아해 오던 여학생이 있었다. 하지만 도무지 손전화 씨 자신과는 전혀 어울리지 않을 것만 같아서 마음을 전혀 표현하지 못하고 있었다. 그러던 어느 날 손전화 씨는 마음속에만 두었던 그 친구에 대한 마음을 다른 친구에게 들키고 말았다.

"어! 이게 누구야? 네가 왜 김부자 사진을 가지고 다녀?"

"뭐하는 거야? 이리 내놔."

"뭐야! 너, 김부자 좋아하는 거야? 우아 정말 깬다. 너랑 김부자랑 어울린다고 생각해?"

친구의 핀잔에 손전화 씨의 얼굴이 붉어지고 있었다.

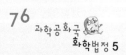

"아무에게도 말하지 마. 나 혼자 마음일 뿐이야."

손전화 씨는 몇 번이고 친구에게 다짐을 받았다. 하지만 아무래도 손전화 씨는 불안했다. 하필이면 사진을 본 친구가 손전화 씨 반에서 제일 입이 싼 친구였다. 불안하게 다음 날 학교를 갔더니 아니나 다를까 이미 소문은 다 나 있었다.

"손전화, 네가 김부자랑 하나라도 공통점이 있다고 생각하니?"

"그래, 김부자는 유행의 첨단이야. 근데 넌 원시인이잖아. 맞을 거 같아?"

여기저기서 한마디씩 손전화 씨의 마음을 비웃는 소리가 들렸다. 손전화 씨는 그런 소리들은 아무런 문제가 되지 않았다. 단지 김부자가 소문을 듣지 않았기만을 바랐다. 하지만 이미 김부자는 자신에 대한 손전화 씨의 마음을 들은 후였다.

"그 큰 고글 같은 안경 쓰고 다니는 개가 날 좋아한다고?"

"응, 진짜 의외지. 매일 공부만 하는 줄 알았더니 어디서 너 같은 퀸카를 넘본다니?"

"나 인기 있는 거야 새삼스러울 건 없는데, 그래도 그 친구가 날 좋아한다니 좀 의외이긴 하다. 개는 거울도 안 보나?"

조마조마하던 손전화 씨가 김부자 반으로 갔을 때 김부자는 이런 말을 하고 있었다. 거기까진 참을 수 있었다. 손전화 씨를 본 김부자는 대놓고 손전화 씨를 무시해 버렸다.

"전교에서 혼자 휴대전화도 없는 주제에 어디 날 넘보니? 웃겨."

손전화 씨는 그때 김부자 씨의 표정을 잊을 수가 없었다. 그 후로 손전화 씨는 킹카 되기 대작전에 들어갔다. 옷은 물론이거니와 신발까지도 하나하나 스타일에 신경을 쓰고 다녔다. 무엇보다 손전화 씨는 이제 휴대전화라면 박사가 될 정도로 민감해 있었다. 심지어는 전화기가 몇 개씩 되던 때도 있었다. 손전화 씨는 그것이 김부자의 썩소에 대한 복수라고 생각했다. 그렇게 김부자로 인해 휴대전화에 집착하게 된 손전화 씨는 이제는 자기 스스로가 휴대전화에서 벗어날 수 없게 되었다. 그는 신형 휴대전화를 사지 않으면 견딜 수가 없었다. 그리고 사 두지 못한 휴대전화는 꼭 중고로라도 사 두어야 하는 지경에 이르고 있었다.

하루는 손전화 씨가 구하지 못한 휴대전화를 중고 가게에서 보게 되었다. 주인은 휴대전화가 물에 한 번도 빠진 적이 없는 것이므로 다른 중고보다 조금 값이 비싸다고 했다. 이미 그 휴대전화에 마음을 빼앗긴 손전화 씨는 이미 휴대전화 값을 지불하고 있었다. 한정판 휴대전화라 생각도 해 보지 않고 샀는데, 사고 나서 보니 자꾸 버튼이 잘못 눌러지는 것이었다. 휴대전화의 성능에도 예민한 손전화 씨는 슬슬 열이 나기 시작했다. 그래서 분해를 해 보았더니 휴대전화 안은 심하게 녹이 슬어 있었다.

"뭐야! 휴대전화가 물에도 안 빠졌다고 돈도 심하게 비싸게 받더니, 내가 아무리 휴대전화 마니아라고 해도 제 성능을 못하는 휴대전화는 쓸모없다고!"

뭔가 이상하다 여기고 손전화 씨는 반품을 요구했다. 하지만 주인은 배 째라는 식으로 나오고 있었다. 그러자 손전화 씨는 주인을 사기 혐의로 화학법정에 고소했다.

휴대전화가 물에 빠지면 휴대전화 뒷면의 침수 확인용
라벨이 붉은색으로 변하게 됩니다. 물에 빠진 휴대전화는
기계에 심각한 손상이 오게 되므로 주의해야 합니다.

휴대전화가 물에 빠졌다는 것을
어떻게 알까요?
화학법정에서 알아봅시다.

 피고 측 변론하세요.

휴대전화가 물에 빠졌는지 안 빠졌는지 어
떻게 압니까? 물에 빠진 휴대전화는 고장이
잘 난다는 사실을 알지만 그렇다고 물에 빠진 적이 있다는 것을
확인할 방법이 없는데. 판사님, 좋은 방법 알고 계신가요?

나도 잘 모릅니다.

하긴 판사님은 공부만 하시는 분이니 그런 것에 대한 건 모르
시는 게 당연하죠.

지금 저 무시하는 겁니까? 화치 변호사도 모른다면서 남 무시
는 왜 합니까?

그건 그렇군요. 죄송합니다.

으이구! 원고 측 변론하세요.

그랜드 휴대전화 개발 연구원 최첨단 팀장을 증인으로 요청
합니다.

'그랜드, 이건 달라!' 라고 외치며 최첨단 팀장이 그랜드
휴대전화를 내밀며 증인석에 앉았다.

🗣️ 휴대전화를 물에 빠뜨리면 고장이 잘 나나요?

🗣️ 그렇죠, 휴대전화 안은 세심한 기계들인데 물에 빠뜨리고 전원까지 켜게 되면 기계에 손상이 옵니다. 그러니 물에 빠뜨리면 전원을 절대 켜지 말고 바로 고치러 가야 합니다.

🗣️ 중고 휴대전화를 샀을 때 물에 한 번이라도 빠진 적이 있는 건지 알 수 있는 방법이 없을까요?

🗣️ 여기, 휴대전화를 분해한 것을 가지고 나왔습니다. 뒷면에 보시면 작은 구멍이 있는 라벨이 있죠? 이것이 침수 확인용 라벨입니다. 이걸 물에 넣어 보겠습니다.

최첨단 팀장이 물에 넣자 침수 확인용 라벨이 붉게 변했다.

 이 라벨은 물에 닿게 되면 붉게 변합니다. 따라서 휴대전화를 분해했을 때 뒷면 작은 구멍이 있는 라벨이 붉은색이라면 한 번이라도 물에 빠진 적이 있다는 것이죠.

원고 측의 휴대전화를 분해하여 침수 확인용 라벨을 확인한 결과 붉은색이었습니다. 따라서 원고 측의 휴대전화도 물에 빠진 적이 있는 휴대전화라는 것이죠.

휴대전화를 분해했을 때 뒤쪽에 있는 작은 구멍이 뚫린 라벨은 침수 확인용 라벨입니다. 이 라벨은 물에 한 번이라도 닿았을 경우 붉게 변하는데 원고 측의 휴대전화의 경우에도 라벨의 색깔이 붉은색입니다. 따라서 물에 한 번이라도 빠진 적이 있다는 것이죠. 그러므로 휴대전화 중고 가게 주인은 손전화 씨에게 변상할 것을 선고합니다.

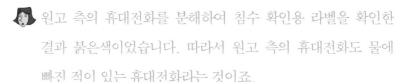 휴대전화는 누가 발명했을까요?

최초의 휴대전화는 1980년대 사용된 필립스의 트랜스포터블 전화기로 무게는 무려 4킬로그램이었다. 그래서 손에 들고 다니기에는 너무 무거워 어깨에 메고 다녔다. 손에 들고 다니는 최초의 휴대전화는 모토로라가 1988년 출시한 '택 8000'이었다. 당시 240만 원에 판매된 이 휴대전화는 771그램으로 무거웠다. 하지만 집어던져도 부숴지지 않았고 방수 처리가 잘돼 물에 빠뜨려도 사용할 수 있는 튼튼한 것이었다. 이 때문에 술 취한 사용자가 휴대전화로 상대방 얼굴을 때려 상처를 입히는 사건이 종종 발생, '들고 다니는 흉기'로 불리기도 했다.

물에 빠진 휴대전화

휴대전화가 물에 빠졌을 때 가장 먼저 할 일은 무엇일까요?

사건 속으로

김어글 씨는 정말 비호감 얼굴이었다. 어찌나 비호감이었던지 부모님마저 김어글 씨의 얼굴을 보고 놀랐을 정도였다.

"어머나!"

"왜 그래, 여보?"

"아기 얼굴이 상상하던 것과 너무 달라요."

"허걱, 이 아이가 정말 우리 아들이란 말이야?"

김어글 씨 아버지는 김어글 씨가 태어나던 날 김어글 씨를 보고 애써 아닌 척했지만 짐짓 놀랐다.

"그래도 방긋방긋 잘 웃네."

"보통 아기는 아닐 것 같군. 행복한 사람이 되면 되는 거지. 생긴 건 살면서 다 극복해 나가면 되는 거야. 애기 잘 키워 보자. 여보!"

이렇게 태어나면서부터 부모님을 놀래킨 김어글 씨는 어딜 가나 화제를 불러일으키며 다녔다. 집에 놀러온 부모님 친구들 역시도 속으로는 '허거덕' 놀라는 기력이 역력했지만 겉으로 드러내지 않으려 애쓰고 있었다.

"어머, 애기가 참 개성 있게 생겼어요."

"고놈, 참 실하게 생겼구나."

김어글 씨가 태어나고 백일잔치, 돌잔치를 하게 되었을 때 사진관 아저씨들이 얼마나 고생이었는지 몰랐다. 백일잔치, 돌잔치를 하려면 사진이 필요했다. 그런데 김어글 씨의 얼굴이 어찌나 비호감인지 이 사진을 뽀샵 처리하는 데만도 하루 이상이 걸렸다.

"아기가 너무 개성이 있어 놔서 사진 처리가 쉽지가 않네."

"아, 그 사진 나도 봤어. 힘 좀 들겠어, 자네."

사진 기사 아저씨의 노력 덕에 그래도 사진이 걸리고 백일잔치, 돌잔치에서 손님들을 맞이하게 되었다. 하나같이 놀라는 기색이었지만 많은 사람들이 와서 김어글 씨의 앞날을 축복해 주었다.

생긴 것이 남다르다 보니 어딜 가나 집중을 받는 것은 당연했다. 사람들은 드러내 놓고 내색하진 못했지만 김어글 씨가 지나가면 쿡쿡거리는 소리가 여기저기서 들려왔다.

"으흐흐흐, 저 사람 생긴 것 좀 봐. 완전 야수같이 생겼어."

"진짜 살아가기 피곤하겠다. 저 사람은 특수 분장 없이 영화 출연해도 되겠어."

이 수군거림이 김어글 씨의 귀에 들어가지 않을 리 없었다. 하지만 아주 어린 시절부터 단단히 단련된 김어글 씨로서는 이젠 이런 말쯤이야 아무렇지 않게 들어 넘길 만큼 긍정적인 마인드를 가지려 노력하고 있었다.

어린 시절 김어글 씨는 거울을 볼 때마다 흠칫흠칫 놀라곤 했다.

"엄마 아빠는 나랑 너무 다르게 생겼어. 나는 우리 엄마 아빠 자식이 맞긴 맞는 거야? 왜 나는 괴물같이 생긴 거냐고. 엉엉엉!"

하지만 김어글 씨는 자신의 외모도 극복을 해야만 살아남을 수 있다는 것을 본능적으로 알았다. 처음에는 친구들의 놀림과 어른들의 수군거림이 너무 신경 쓰였다. 하지만 생각을 해 보니 사람들은 그저 한마디씩 던지거나 놀리고 가 버리면 그만이었다. 그 사람들에게서 굳이 상처를 받고 아파할 필요는 없었다.

"그래, 생긴 모습을 어떻게 바꿀 수가 없어. 덜 자라서 성형 수술도 안 해 준다고 하고. 그러면 우선 이 얼굴을 극복해야지."

김어글 씨는 힘을 냈다. 사람들의 말 한마디 한마디가 가슴을 찌르고 아프게 했지만 그때뿐이었다. 조금씩 단련이 되기 시작하자 아무렇지도 않은 듯 되었다. 오히려 사람들의 놀림에 대응할 만큼 유머를 가지게 되었다.

처음에는 놀리기만 하던 사람들도 김어글 씨의 입담에 점점 매력을 느끼고 다가오기 시작했다.

"얼굴도 못생긴 게……."

"내가 얼굴은 좀 못해도 맘짱에, 몸짱은 되잖아. 내 얼굴이 비호감이면 내 얼굴 볼 때마다 자체 모자이크 처리해서 봐."

"근데 너 말발은 진짜 장난 아니구나. 역시 신은 공평한 건가!"

"짜식, 그게 아니지. 내가 워낙 다른 능력이 좋다 보니 신께서 내게 잘생긴 얼굴만은 주시지 않은 거야. 얼굴까지 다 갖추면 너무 불공평하지 않겠니?"

"야, 너 정말 못 말리겠다. 하하하!"

자기마저 자기의 얼굴이 맘에 들지 않을 때는 집 밖으로 나가는 것마저 무서웠다. 하지만 마음을 긍정적으로 가지다 보니, 조금씩 세상을 두려워하지 않게 되었다. 얼굴이 비호감인 대신 다른 능력을 더 개발하기로 했다. 그래서 김어글 씨는 공부도 열심히 했고, 사람들을 웃기는 재주도 기르고 있었다. 가만히 살펴보니 웃기는 사람 옆에는 항상 사람들이 몰려들고 있었기 때문이었다. 성대모사에 코미디 프로그램 연구까지 김어글 씨는 사람들과 친해지기 위해 엄청난 노력을 기울였다.

김어글 씨는 타고난 비호감 얼굴 때문에 남들보다 두서너 배는 더 노력을 해야만 했다. 그러다 보니 비호감 얼굴만 빼고는 다른 부분에 있어서는 탁월한 능력을 지니게 되었다. 그 능력이 김어글 씨의 힘이 되고 있었다.

대학에 들어간 김어글 씨는 특유의 유머와 서글서글한 성격으로 학교 회장까지도 할 정도로 이젠 사람들에게서 비호감이 아니었다.

그런데 이런 김어글 씨에게 시련이 닥쳐왔다. 평생토록 자신의 생긴 모습을 극복하기 위해 노력을 쏟아 왔지만 취업 문은 김어글 씨를 다시 좌절하게 만들었다.

"학점도 좋고 경력도 장난 아닌데요. 그런데 우리 회사는 사람들을 상대하는 직업이라 아무래도 얼굴이 너무 안 되면 채용하지 못합니다. 다른 곳을 알아보세요."

사실 처음 한두 번쯤은 아무렇지 않았다. 오히려 어차피 각오했던 일이라 웃을 여유까지 있었다. 하지만 어디에서도 김어글 씨를 받아주려 하지 않자 지금까지 쌓아 왔던 김어글 씨의 자존심이 심하게 일그러지고 있었다. 김어글 씨는 한동안 심하게 방황을 했다.

"이렇게 생긴 것이 내 탓은 아니잖아. 어쩌란 말이야! 성형 수술을 받으러 갈까?"

한동안 성형 수술에 대한 유혹도 없지 않았지만, 김어글 씨는 얼굴 때문에 자신을 무시하는 사회에 꼭 그 얼굴로 성공해서 우뚝 선 모습을 보여주고 싶었다. 그렇게 해서 김어글 씨는 자신의 사업을 시작하게 되었다.

"취업을 안 시켜 주면 내가 사업해서 성공하면 돼."

하루 세 시간 이상은 자지 않으면서 김어글 씨는 정말 열심히 살았다. 그렇게 열심히 살다 보니 김어글 씨는 어느덧 성공 가도를 달리고 있었다. 이제 부자가 된 김어글 씨에게는 고개를 숙이며 많은 사람들이 찾아왔다.

그러던 어느 날 친구 한 명이 김어글 씨에게 찾아와 한참 이야기를 나누고 있었다. 친구의 눈에는 김어글 씨의 최신 휴대전화가 들어왔다.

"옹, 잘나가는 사장님이라 다르긴 달러. 휴대전화 완전 빛나는데."

김어글 씨의 휴대전화를 만지작거리던 친구는 휴대전화를 하루만 빌려 달라고 했다. 사람 좋은 김어글 씨는 흔쾌히 휴대전화를 빌려 주었다. 신이 난 친구는 김어글 씨의 휴대전화를 하루 종일 들고 다니며 자랑했다. 그러던 김어글 씨 친구는 휴대전화를 옆에 놓고 세수를 하다가 욕조에 빠뜨려 버렸다. 그는 휴대전화가 고장 났나 불안해 하며 전원을 켜 보았다. 부랴부랴 서비스 센터에 가 보았지만 고칠 수 없는 상태였다. 친구가 망가진 휴대전화를 가지고 오자 놀란 김어글 씨는 A/S를 못한다는 휴대전화 회사를 상대로 고소를 해 버렸다.

물에 빠진 휴대전화는 전원을 켜지 않고 알코올에
담근 후 드라이어로 말려야 합니다. 알코올은 수분을
증발시키는 성질이 있어 휴대전화 속 수분을
없앨 수 있기 때문입니다.

물에 빠진 휴대전화를 어떻게 해야 할까요?
화학법정에서 알아봅시다.

 판결을 시작합니다. 원고 측 변론하세요.

 휴대전화 A/S 센터가 무엇을 하는 곳입니까? 고장 난 휴대전화를 고치는 곳 아닙니까? 그런데 휴대전화를 못 고치겠다니 이것은 분명 귀찮아서 안 고치는 겁니다. 거기다 휴대전화를 안 고쳐 줘서 김어글 씨의 사업에 막대한 손해를 끼치고 있습니다. 따라서 손해 배상을 요구합니다.

 피고 측 변론하세요.

 휴대전화를 물에 빠뜨렸을 때 어떻게 해야 할까요? 그랜드 휴대전화 개발 연구원 최첨단 팀장을 증인으로 요청합니다.

'그랜드, 이건 달라!' 라고 외치며 최첨단 팀장이 그랜드 휴대전화를 내밀며 증인석에 앉았다.

 휴대전화를 물에 빠뜨렸을 때 어떻게 해야 합니까?

 전원을 켜지 말고 곧장 와야 합니다. 전원을 켠다는 것은 휴대전화를 아예 망가뜨리겠다는 것과 같은 것이죠.

그렇지만 A/S 센터가 문을 닫았을 경우 계속 젖은 상태로 놔 둬야 합니까?

그건 아닙니다. 응급 처치를 일단 해 두는 것이 더 안전하죠.

어떻게 응급 처치를 해야 합니까?

알코올을 이용하면 됩니다. 일단 휴대전화가 물에 빠지면 알 코올에 넣은 다음 드라이어로 말리면 됩니다.

왜 알코올을 사용하죠?

알코올은 수분을 증발시키는 성질이 있어서 없을 때보다 훨씬 빨리 휴대전화 속의 수분이 없어지죠.

휴대전화를 물에 빠뜨렸을 때 전원을 켜면 바로 고장 납니다. 따라서 바로 A/S 센터로 가야 하지만 만약 바로 갈 수 없는 상 황이라면 알코올에 담근 뒤 드라이어로 말리면 휴대전화 속 수분을 빨리 없앨 수 있습니다.

판결합니다. 휴대전화에 물이 들어갔을 때 전원을 켜지 말아 야 하는데 전원을 켰기 때문에 휴대전화가 고칠 수 없는 상태 로까지 고장 난 것입니다. 따라서 휴대전화 회사는 잘못이 없 습니다.

유리창 글씨의 범인은?

시온 물감으로 유리창에 그림을 그리면 어떻게 될까요?

"내 책, 여기 있는 거 어디다 뒀어요?"

"그거, 엄마가 네 책상에 가져다 놨잖아."

"내 것은 함부로 만지지 말라고 했잖아요."

"그렇지만 유리야! 여기 책을 두니 엄마가 좀 불편했어. 그래서 옮긴 거야. 너무 화내지 마!"

유리 씨는 무엇이든 자기가 정한 자리에 있어야만 하는 아이였다. 뭐라도 조금 흐트러지면 도무지 견디질 못했다. 유리 씨가 이런 경향을 보이게 된 것은 초등학교 시절 노트 정리를 못했다고 선생님께 호되게 야단을 맞은 후부터였다. 유리 씨 나름 색색깔 연필로 줄도 그어 가며 열심히 노트 정리를 해 갔다. 그런데 다음 날 노트 정리를 다 검사하신 선생님께서는 아이들이 모두 보는 앞에서 유리의 노트를 보여 주며 핀잔을 주는 것이었다.

"유리 너 노트 정리를 했니, 안 했니? 노트 상태가 이게 뭐야?"

"선생님, 전 최선을 다해서 노트 정리를 해 온 건데요."

"이걸 정리라고 해 왔니? 정말 꼬라지하고는!"

"어쩜, 그렇게 심한 말씀을 하실 수 있으세요? 흑흑!"

그날 이후로 김유리 씨는 뭐든 정리가 깔끔하게 되어 있어야 하는 강박증이 생겼다. 강박증이 어찌나 심했던지 유리 씨는 친구들도 제대로 사귀지 못할 지경이 되었다.

"쟤는 좀 이상해. 조금이라도 흐트러진 건 참지를 못하더라고."

"그런 거였어? 처음 보는 애가 내 옷깃을 정리하고 그래서 이상하다 생각했어."

"진짜 인생 피곤하겠다, 쟤."

아이들은 유리 씨가 지나가면 수군거리기에 바빴다. 유리 씨도 아이들의 눈길을 알고 있었지만 자기도 자신을 제어할 수가 없었다. 조금이라도 흐트러지면 큰일이 날 것만 같았다. 노트 정리 때문에 난리를 치던 그 선생님의 목소리가 따라다니는 것만 같았다.

선생님의 야단이 있은 후로 유리 씨는 결벽증까지 가지게 되었다. 유리 씨의 책상은 도무지 흐트러진 적이 없었으며 옷도 한 번

입은 옷은 꼭 빨아 입어야 했다.

"넌 어쩜 그렇게 더러운 옷을 입지?"

"얘가 미쳤나? 넌 처음 보는 애한테 그런 말을 하고 싶니?"

"응, 하고 싶어. 너 너무 더러워 보여."

"넌 너무 이상해 보여. 병원이나 가시지."

더럽고 지저분한 것을 도무지 참지 못하는 유리 씨는 거리를 지나다가도 눈에 거슬리는 사람이 있으면 꼭 참견을 하고 가는 지경에까지 이르렀다.

일이 이 지경에 이르자 유리 씨의 부모님은 사태의 심각성을 느꼈다.

"아무래도 우리 유리가 좀 이상해요."

"당신도 그렇게 느꼈소?"

"당신도 그랬나 보군요. 모든 걸 완벽하게 정리해야 한다는 정신적인 부담감이 엄청난 것 같아요."

"그런 것 같소. 나도 말이오……."

이렇게 해서 유리 씨의 부모님은 유리 씨에 대한 이야기를 시작했다.

"얼마 전에 유리를 데리고 등산을 가질 않았겠소. 그런데 유리가 옷을 한 벌 더 챙겨 왔더라고. 난 그래서 녀석이 땀이 나면 닦으려고 하는구나 싶었는데 옷이 좀 더러워진다 싶으니 갈아입고 있는 게 아니오."

"유리가 언제부터인가 이상해졌다는 걸 저도 느끼고 있었어요. 근데 솔직히 별 대수롭지 않게 생각했어요."

"나도 약간 그런 경향을 느끼긴 했는데, '설마 내 딸이?' 그렇게만 생각해 왔소. 엊그제 등산에 같이 다녀오고 나서야 사태가 심각한 걸 알겠더라고."

"옷 말고도 다른 일이 있었어요?"

또 무슨 일이 있나 싶어서 궁금해진 아내가 남편을 재촉하고 있었다.

"글쎄, 내 친구들 가방을 전부 꺼내 놓고 정리를 하고 있는 것이 아니겠소. 나보다 오히려 친구들이 더 걱정을 하더라고."

"우리 딸을 어쩜 좋지요, 여보?"

부부는 유리 씨 걱정에 며칠 밤을 꼬박 새웠다. 결국 부부는 결단을 내리고 유리 씨를 병원으로 데려가 보기로 했다. 유리 씨 자신은 아무런 이상을 느끼지 못했기에 병원을 간다는 그 자체만으로도 자존심이 상했다.

"왜 내가 병원을 가야 해요?"

"유리가 병이 있거나 해서가 아니라 검사를 받아 보는 것뿐이야. 걱정하지 마!"

"걱정이 아니라 불쾌하다고요. 환자 취급은 사양이에요."

극구 사양하는 유리 씨를 데리고 부모님은 병원으로 향했다.

"선생님, 아이가 아무래도 심한 강박증에 시달리고 있는 것 같아요. 저희도 첨에는 아무렇지 않게 여겼는데 이건 아니다 싶어서요."

"잘 오셨습니다. 보통 부모님들께서 애들 일은 '별것 아니다' 라고 지나치는 일이 많은데 그런 태도가 아이들의 병을 키우는 것이더라고요."

"저희도 그래서 왔습니다. 우리 유리 좀 잘 부탁드립니다."

부모님께서 진료실을 나가시자 의사 선생님은 유리와 개인 상담에 들어갔다. 의사 선생님은 처음에는 평범한 질문부터 시작하면서 유리 씨의 행동을 관찰했다. 유리 씨는 의사 선생님과 이야기하는 내내 주변 정리에 정신이 없었다. 의사 선생님과의 긴긴 면담이 끝나고 의사 선생님은 부모님을 불렀다.

"유리가 어릴 때 크게 상처를 받은 적이 있나 봐요. 이 그림을 보세요."

의사 선생님은 유리 씨가 그린 그림을 부모님께 내놓으며 설명했다. 누군가 손가락으로 유리 씨의 머리를 심하게 찔러대고 있는 그림이었다. 부모님도 그 그림을 보고는 많이 놀랐다.

"유리 양은 다친 자존심 회복을 위해 스스로를 가두고 있는 것 같습니다. 치료를 좀 들어가면 좋겠어요. 위험해질 수가 있거든요."

이렇게 해서 유리 씨는 오랜 기간 치료를 받게 되었다. 치료를 받으면서 유리 씨는 점점 나아지고 있었다. 하지만 치료가 다 끝나고도 못 버리는 습관이 딱 두 개가 있었다. 하얀 것, 투명한 것에 대한 선호였다. 하지만 그것은 개인의 취향으로 보고 의사 선생님은 완치가 되었다고 했다.

치료를 다 받은 유리 씨의 사회생활은 평탄하게 흘러갔다. 그렇게 세월이 흐르고 유리 씨는 어느 정도 부도 축적할 수 있게 되었다. 나이를 먹자 유리 씨는 어린 시절부터 그려 왔던 별장을 하나 짓고 싶어 했다. 그녀는 유리로 벽을 만든 별장을 갖고 싶었다. 곧 공사에 들어가서 집이 완공되었는데 마을 사람들이 흘깃흘깃 보니까 프라이버시가 침해되는 게 문제였다. 그런 불편함이 있는 반면 사방이 뻥 뚫린 자연을 볼 수 있어서 좋긴 했다.

그러던 어느 겨울날이었다. 밖에서 돌아온 유리 씨는 유리벽에 무언가 쓰여진 것을 발견했다.

'바보 아줌마!'

화가 난 유리 씨는 경찰에 가서 조사를 의뢰했다. 그런데 유리 씨는 가는 동안 집에 히터를 켜두었다. 경찰을 데리고 돌아왔더니 글씨는 이미 사라지고 없었다.

"이 사람이 경찰 데리고 장난하나? 뭡니까?"

경찰이 화를 냈다.

"아니에요. 분명 여기 낙서가 있었는데."

경찰은 유리 씨를 이상한 사람 취급하고 있었다. 경찰의 이런 태도에 화가 난 유리 씨는 경찰을 법정에 고소해 버렸다.

이상하네,
분명 보일러 틀기 전에는
분명하게 보였는데…… 온도가
올라가니까 글씨가 안 보이네.

시온 물감은 온도가 높을 때는 글씨가 보이지 않다가
온도가 낮아지면 물감으로 쓴 글자가 보이는 특수한 물감입니다.
온도에 의해 분자의 구조가 달라지기 때문이지요.

유리창의 글씨는 무엇이었을까요?
화학법정에서 알아봅시다.

 피고 측 변론하세요.

 김유리 씨의 신고를 받고 경찰이 출동했을 때 유리벽에는 아무 글씨도 없었습니다. 그런데 김유리 씨는 끝까지 글씨가 있었다고 우기는데 그 사실을 어떻게 믿습니까? 누가 지웠을 수도 있는데 끝까지 그 범인을 잡아 달라니, 저로서도 이해가 가지 않습니다.

 원고 측 변론하세요.

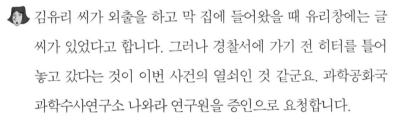 김유리 씨가 외출을 하고 막 집에 들어왔을 때 유리창에는 글씨가 있었다고 합니다. 그러나 경찰서에 가기 전 히터를 틀어놓고 갔다는 것이 이번 사건의 열쇠인 것 같군요. 과학공화국 과학수사연구소 나와라 연구원을 증인으로 요청합니다.

돋보기를 들고 이리저리 탐색하면서 나와라 연구원이 증인석에 앉았다.

 이번 사건을 어떻게 보십니까?

 추웠을 때 분명 글씨가 있었는데 히터를 틀어 놓고 갔다가 왔

는데 사라졌다는 것에 중점을 두었을 때 그 글씨는 분명 시온 물감이라고 하는 특수 물감을 사용한 것일 겁니다.

시온 물감이 무엇이죠?

온도가 올라가면 사라지고 온도가 내려가면 나타나는 물감이 지요.

이의 있습니다. 세상에 그런 물감이 어디에 있습니까?

그럴 줄 알고 시온 물감이 어떤 건지 보여드리겠습니다.

나와라 연구원이 종이를 꺼내 들었다. 그 종이에는 한 여인이 그려져 있었다.

🧔 케미 변호사님, 이 종이 좀 들고 계세요. 제가 촛불로 마술을 보여 드리죠.

나와라 연구원이 촛불을 종이에 가까이 가져갔더니 그림이 사라졌고 촛불을 종이 멀리에 두었더니 그림이 다시 나타났다.

👩 와, 신기하군요. 이것이 시온 물감으로 그려진 겁니까?
😆 그렇습니다. 시온 물감은 우리가 잘 모르는 것이었지만 잘 찾아보면 실생활에서도 쓰이는 곳이 있습니다.
👩 시온 물감은 온도가 높아졌을 때 사라졌다가 온도가 낮아지면 나타나는 특수한 물감입니다. 김유리 씨가 외출하고 막 돌아왔을 때 집 안 공기는 차가웠을 것이고 시온 물감으로 쓴 글이

 시온 물감

시온 물감은 온도에 따라 색깔이 변하는 물질이다. 온도에 따라 분자의 구조가 달라지거나, 물 분자의 결합 정도가 달라지거나, 분자들의 배열 방법이 달라지면서 전자의 분포 특성이 달라져 고유한 색깔도 달라진다. 원래의 온도로 되돌아오면 본래의 색깔을 되찾는 경우도 있고, 한번 색깔이 변하면 다시 본래의 색으로 돌아오지 않는 경우도 있다. 분자의 구조가 본래의 모습으로 되돌아올 수도 있고 그렇지 않을 수도 있기 때문이다.

나타났을 것입니다. 그러나 경찰서로 가는 도중 히터로 공기를 데웠기 때문에 글씨가 사라진 것입니다.

판결합니다. 만약 유리벽의 글씨가 시온 물감으로 써졌을 경우, 경찰이 출동했을 때 글씨가 사라진 것은 히터 때문에 집 안 공기가 따뜻해졌기 때문일 것입니다. 따라서 집 안 공기가 차가워졌을 때 재수사를 해야 할 것입니다.

10원짜리 동전과 알루미늄 포일

10원짜리 동전과 알루미늄 포일로 난로를 만들 수 있을까요?

올해 대학에 입학한 김알바 씨는 처음으로 맞는 겨울방학을 어떻게 보낼지 고민 중이었다.

"2학년이 되기 전에 뭔가 특별한 추억을 만들고 싶어."

여름방학을 호지부지하게 보내고 많은 후회를 했던 김알바 씨는, 겨울방학만큼은 누구보다 알차게 보내고 싶었다. 여행, 공부 등 많은 것들을 생각해 본 김알바 씨는 겨울방학 동안 아르바이트를 하기로 결심했다.

"그래! 언제까지 부모님께 기댈 순 없잖아? 2학년 1학기 등록금은 내 손으로 버는 거야."

당차게 포부를 다진 김알바 씨는 무료 신문을 가지고 와 자신이 할 만한 일을 찾아보기 시작했다. 그러나 어려운 경기에 아르바이트 자리 찾는 일도 쉬운 일이 아니었다.

'따르릉~ 따르릉!'

"네, 잡동사니 잡화입니다."

"무료 신문에 아르바이트생을 구한다고 올라온 것을 보고 전화드렸는데요."

"아, 그러세요? 실례지만 나이가?"

"스무 살입니다."

"그렇군요. 그러면 내일 저녁 9시까지 이력서 들고 저희 잡화점으로 와 주세요."

"네? 정말입니까? 알겠습니다."

"지금 바로 채용하겠다는 것은 아니에요. 내일 면접 후 채용 여부를 결정하도록 하겠습니다."

"아, 네! 아무튼 알겠습니다. 내일 9시에 방문할게요."

김알바 씨는 수십 통의 전화 끝에 겨우 한번 방문해 보라는 말을 들었다. 그는 드디어 자신도 자신의 힘으로 돈을 벌게 됐다는 기대에 한껏 부풀어 올랐다.

다음 날 김알바 씨는 어제 마지막으로 통화했던 잡동사니 잡화점을 찾았다.

"안녕하세요? 저는 어제 전화 드렸던 학생인데요."

"아, 어서 들어오세요."

머리가 벗겨지고 배가 불룩 튀어 나온 중년 남자가 김알바 씨를 반겼다. 그는 잡동사니 잡화점의 사장님인 듯했는데 외모에서 험상궂은 이미지가 풍겼다.

"어제 말씀드린 이력서는 가지고 오셨나요?"

"네, 여기 있습니다."

김알바 씨는 가방에서 이력서를 꺼내 사장님에게 건넸다. 이력서를 찬찬히 살펴보시던 사장님이 잠시 후 입을 열었다.

"김알바 씨!"

"네."

"이력서는 마음에 듭니다. 오늘부터 당장 일해 주실 수 있는지요?"

사장님은 김알바 씨를 아르바이트생으로 채용하겠다는 의사를 밝혔다. 그 말을 들은 김알바 씨는 뛸 듯이 기뻐하며 큰소리로 대답했다.

"물론입니다. 하하하! 무슨 일부터 할까요?"

김알바 씨는 당장 두 팔을 걷고 나섰다.

"김알바 씨가 할 일은 저희 잡화점에 딸린 창고를 지키는 것입니다. 특별히 할 일은 없습니다. 그저 창고 안의 물건들이 도난당하지 않도록 주의해 주시면 됩니다. 만에 하나 위험한 일이 생기면 창고 관리실 책상 밑에 있는 빨간 버튼을 누르시면 됩니다."

의욕에 불탄 김알바 씨는 사장님이 하시는 말을 하나도 놓치지 않으려고 귀를 쫑긋 세웠다.

"아, 알겠습니다. 그러면 지금부터 몇 시까지 창고를 지키면 되는 건가요?"

"아차차, 근무 시간을 알려드리지 않았군요. 근무 시간은 저녁 9시부터 다음 날 아침 7시까지입니다. 방학 동안 아르바이트를 하면 한 학기 등록금 정도는 벌 수 있을 겁니다. 그럼 앞으로 잘 지내 봅시다."

사장님은 김알바 씨에게 손을 내밀었다. 두 사람의 악수로 채용 계약이 성립되는 듯했다.

사장님은 잡화점 관리실의 열쇠를 김알바 씨에게 건네주고 퇴근 준비를 했다. 그런데 잡화점을 나서던 사장님을 김알바 씨가 불러 세웠다.

"사장님!"

그 소리를 듣고 사장님이 가던 길을 멈추었다.

"무슨 일입니까? 김알바 씨!"

김알바 씨가 헐레벌떡 뛰어와 사장님 앞에 섰다.

"헉헉, 다름이 아니라 관리실이 너무 추워서요. 난로 같은 건 없나요?"

"아차차, 내 정신 좀 보게! 그걸 또 깜빡했네요. 난로로 쓸 만한 것들은 창고 안에 다 있으니 마음껏 꺼내 쓰세요."

사장님이 커다란 배를 내밀며 말했다.

"아, 네. 하하! 알겠습니다. 그러면 안녕히 가세요."

김알바 씨는 사장님께 인사를 건네고 다시 창고 관리실로 뛰어갔다.

창고 관리실은 생각보다 꽤 괜찮았다. 앉아서 쉴 수 있는 침대와 지루하지 않게 볼 수 있는 TV, 그리고 시간 날 때 공부할 수 있을 만한 책상과 읽을 만한 책, 잡지들이 갖추어져 있었다.

"음, 이 정도면 할 만하겠는걸?"

김알바 씨는 관리실을 둘러보며 혼자 중얼거렸다. 책상 밑을 보니 아까 사장님이 말씀하신 빨간 버튼도 보였다.

"비상시엔 요걸 누르라 그 말씀이지?"

김알바 씨는 빨간 버튼의 위치를 다시 한 번 확인해 두었다.

이래저래 창고 주변을 살피다 보니 시간은 어느덧 자정을 넘어서고 있었다.

"어? 벌써 시간이 이렇게 됐나?"

김알바 씨는 자신의 손목시계를 들여다봤다. 다시 창고 주변을 둘러보았으나 별 이상한 점은 보이지 않았다.

"음, 이제 좀 쉬어도 되겠지?"

처음 하는 일이라 그런지 점점 피곤이 몰려왔다. 김알바 씨는 관리실에 마련된 침대에서 잠시 눈을 붙이기로 했다. 그런데 새벽이 되고 나니 기온이 더 뚝 떨어진 것 같았다. 김알바 씨는 창고로 가서 난로를 꺼내 와야겠다고 생각하고 창고 열쇠를 집어 들었다.

창고로 간 김알바 씨는 창고 문을 열고 안으로 들어갔다. 창고 안에는 잡화점에서 판매하고 있는 물건들이 잔뜩 쌓여 있었다.

"아, 물건들을 여기다 보관했다가 필요할 때 내어서 파는 거구나."

창고 안을 둘러보던 김알바 씨는 어둠이 내린 밤에 혼자 창고 안을 서성이는 게 갑자기 무서워졌다. 그는 빨리 창고 안을 나가고 싶어 서둘러 난로를 찾기 시작했다. 그런데 아무리 창고 안을 샅샅이 뒤져봐도 난로로 쓸 만한 물건은 보이지 않았다.

"아, 무서워 죽겠는데 도대체 난로로 쓸 만한 물건이 어디 있다는 거야?"

김알바 씨는 슬슬 성질이 나기 시작했다. 창고 안에 굴러다니는 거라곤 10원짜리 동전 몇 개와 키친타월, 알루미늄 포일, 철수세미 그리고 컵에 담겨 있는 소금물밖에 없었기 때문이다. 그는 결국 창고 안에서 난로로 쓸 만한 물건을 아무것도 찾지 못한 채 관리실로 돌아가야만 했다.

관리실로 돌아온 김알바 씨는 추위를 잊어 보려 TV를 켰다. TV에서는 일기예보가 막 끝나고 있었다.

"오늘 새벽은 올 들어 가장 추운 날씨가 될 것으로 예상됩니다. 시청자 여러분은 감기 걸리지 않게 주의하시기 바랍니다. 감사합니다."

기상 캐스터의 마무리 인사와 함께 기다란 자막이 올라갔다. 김알바 씨는 올 들어 가장 추운 날씨라는 기상 캐스터의 말을 듣고 나니 더 몸이 으슬으슬 추워지는 것만 같았다.

그날 밤, 추위와 싸우던 김알바 씨는 결국 몸이 꽁꽁 얼어 심한 감기에 걸리고 말았다.

"에취! 에~이 취!"

고열과 두통, 기침, 몸살에 시달리던 김알바 씨는 정상적인 생활이 어려울 만큼 몸이 아파 병원에 입원하는 신세가 되어 버렸다.

등록금을 벌려고 아르바이트를 시작했던 김알바 씨는 결국 병원비만 버리는 꼴이 되고 말았다. 김알바 씨는 부모님께 죄송해 고개를 들 수 없었다.

시간적으로나 금전적으로 많은 손해를 보게 된 김알바 씨는 병원에서 퇴원하자마자 창고에 난로로 쓸 만한 물건이 있다며 자신을 속인 악덕 사장님을 화학법정에 고소해 버렸다.

서로 다른 금속 사이에 소금물처럼 전기를 통하게
하는 물질을 넣으면 두 금속 사이의 전자가 이동합니다.
이는 두 금속이 이온이 되려는 성질이 달라서인데
이것을 이온화 경향이라고 부릅니다.

난로는 무엇으로 만들 수 있을까요?
화학법정에서 알아봅시다.

 원고 측 변론하세요.

 김알바 씨는 창고를 지키는 아르바이트를
하게 되었습니다. 그런데 창고는 추웠고 분
명 난로를 달라고 요구했습니다. 그러나 주인은 난로로 쓰일
것이 창고 안에 다 있다고 거짓말하여 그 거짓말에 속은 김알
바 씨는 심한 감기에 걸렸습니다. 따라서 주인은 김알바 씨에
게 아르바이트비와 병원비를 주어야 합니다.

 피고 측 변론하세요.

난로가 없는 창고였지만 잡동사니 잡화점에 있는 물건으로 난
로를 만들 수 있었을 겁니다. 난로 개발 연구원 원적외 씨를
증인으로 요청합니다.

반팔에 반바지를 입은 원적외 씨가 온몸에 열을 뿜어
내며 증인석에 앉았다.

 전기난로의 원리가 무엇인가요?

 저항이 센 물질에 전기가 흐르면 빛과 열이 발생합니다. 그때

의 열을 이용하는 것이 전기난로이지요.

 저항이 무엇이지요?

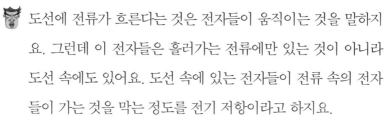 도선에 전류가 흐른다는 것은 전자들이 움직이는 것을 말하지요. 그런데 이 전자들은 흘러가는 전류에만 있는 것이 아니라 도선 속에도 있어요. 도선 속에 있는 전자들이 전류 속의 전자들이 가는 것을 막는 정도를 전기 저항이라고 하지요.

전기 저항을 이용하는 다른 것이 있습니까?

대표적으로 백열등을 들 수 있습니다. 백열등의 필라멘트는 저항이 매우 커 밝은 빛을 냅니다.

저항이 크면 밝은 빛을 내나요?

저항은 앞에서도 말한 것처럼 충돌입니다. 충돌하면 열이 발생하지요? 열이 발생하면 물체에서는 빛이 나옵니다. 그러니까 저항이 있으면 열과 빛을 낼 수 있지요. 특히 창고 안에 있던 철수세미는 저항이 큰 물질로서 전류를 흘려주었을 때 빛과 열을 발생합니다.

하지만 건전지가 없으니 전류를 흐르게 할 수가 없잖아요?

창고 안에는 전기를 만들 수 있는 재료가 다 있습니다.

이상하네요. 철수세미를 제외하고는 10원짜리 동전 몇 개와 키친타월, 알루미늄 포일, 그리고 컵에 담겨 있는 소금물 정도인데요.

그거면 충분합니다.

어떻게 만드는 거죠?

알루미늄 포일을 바닥에 깔고 키친타월에 소금물을 묻혀 그 위에 올려놓고, 다시 그 위에 10원짜리 동전을 올려놓으면 됩니다. 10원짜리 동전은 주성분이 구리예요. 그럼 철수세미의 양쪽 선을 하나는 10원짜리 동전에 다른 하나는 알루미늄 포일에 연결하면 철수세미에 전류가 흘러 간이 난로가 되지요.

어떤 원리죠?

전기 화학의 원리입니다. 서로 다른 금속 사이에 소금물처럼 전기를 통하게 하는 물질을 넣으면 두 금속 사이의 전자가 이동합니다. 이것은 두 금속이 이온이 되려는 성질이 달라서인데 이것을 이온화 경향이라고 부르지요. 이온화 경향이란 이온화되려는 세기를 말하는 것인데 강할수록 이온화되기가 쉽지요. 다음과 같은 순서입니다.

칼륨 – 칼슘 – 나트륨 – 마그네슘 – 알루미늄 – 아연 – 철 – 니켈 – 주석 – 납 – 구리 – 수은 – 은 – 백금 – 금

앞에 있을수록 전자를 잘 내놓아 양이온이 되고 뒤로 갈수록 전자를 잘 받아 음이온이 되지요. 그러니까 알루미늄과 구리 사이에서는 알루미늄이 이온화 경향이 크니까 전자를 내놓아 양의 전기를 띤 양이온이 되고, 반대로 이온화 경향이 낮은 구

리는 전자를 얻어 음의 전기를 띤 음이온이 됩니다. 즉 이렇게 만들면 10원짜리 동전은 양극이 되고 알루미늄 포일은 음극이 되어 연결된 철수세미로 전류가 흐르게 되지요. 그럼 저항이 큰 철수세미는 빛과 열을 내면서 주위의 온도를 올리는 난로 역할을 하는 거죠.

 판결합니다. 잡동사니 잡화점의 창고 안에는 철수세미와 전지를 만들 수 있는 재료가 충분히 있었고 그 때문에 사장은 난로로 쓸 수 있는 것이 있다고 했습니다. 그러나 김알바 씨는 난로를 만드는 방법을 몰랐고 그 때문에 심한 감기를 얻은 것입니다. 따라서 난로를 만드는 방법을 가르쳐 주지 않은 사장에게도 잘못이 있고 구체적으로 난로의 재료를 묻지 않은 김알바 씨에게도 잘못이 있어 양쪽 모두에게 과실이 있는 것으로 판결합니다.

나노 재료

철이 공기 중에서 저절로 연소한다고 하면 믿는 사람은 없을 거예요. 실제 생활에서 못이라든가 철사 등은 불에 달구면 뻘겋게 될 뿐 연소되지는 않아요. 그런데 분말 상태의 환원 철가루를 가볍게 알코올램프의 불 속에 뿌리면 이런 철가루는 연소하면서 밝은 불꽃을 피운답니다. 뿐만 아니라 화학자들은 화학적 방법으로 알갱이가 훨씬 더 작은 검은색의 펄 분말을 제조했어요. 이런 철 분말은 공기 중에 뿌려도 자연 발화하면서 수많은 불꽃을 생성하죠.

철뿐만 아니라 납, 니켈과 같은 일부 금속들도 일반적인 조건에서는 공기 중에서 연소하지 않지만 화학적 방법으로 아주 보드라운 가루로 만들면 자연 연소 납가루, 자연 연소 니켈 가루가 되죠. 이로부터 물질은 알갱이 크기의 변화에 따라 원래의 성질이 변화한다는 것을 알 수 있어요. 나노 재료는 바로 이런 이유로 오늘날 과학계에서 특히 주목받는 대상이 되었던 것이죠.

나노 재료란 무엇일까요? 나노미터란 길이 단위의 하나로서 1미터는 1000밀리미터이고, 1밀리미터는 1000마이크로미터이고, 1마이크로미터는 1000나노미터예요. 이로부터 나노미터는 10의 마이

너스 9제곱미터인 극히 작은 측정 단위라는 것을 알 수 있죠.

대부분 고체 분말은 알갱이의 크기가 마이크로급 이상이며 마이크로급 알갱이 한 알에는 수억 개의 원자나 분자들이 들어 있어요. 이때 재료는 대량 분자의 거시적 성질을 나타냅니다. 만일 이런 알갱이를 나노급의 크기로 가공한다면 그에 들어 있는 분자나 원자 수는 수억 분의 1로 줄어들죠. 과학자들은 이렇게 극히 미세한 알갱이로 만든 재료를 나노 재료라고 명명했어요.

나노 재료는 입자 수가 급증하므로 표면적이 급증하고 잇따라 입자 표면의 원자 수도 급증하는데, 보통 총 원자 수의 절반쯤을 차지합니다. 때문에 나노 재료는 일반적으로 광학·전자기학·열역학·역학·화학 등의 방면에서 특이한 성질들을 띠면서 거시적인 재료와는 완전히 다르답니다. 예를 들어 금의 녹는점은 보통 조건에서 1063도에 달하지만 나노급으로 만들면 330도로 내려가고, 은은 녹는점이 일반적인 조건에서 961도지만 나노급으로 만들면 100도로 내려가죠. 또 예를 들어 일부 촉매를 나노급으로 가공하면 표면적이 대량으로 늘어나면서 활동성이 몇 배로 높아지고, 촉매 반응의 온도도 몇 백도 낮아지죠.

　과학자들은 21세기를 나노 과학기술 시대라고 말하고 있으며 나노 재료의 응용 전망은 대단히 밝아요.

　나노 기술은 1980년대 중반부터 발전하기 시작했어요. 갖가지 특이한 성질을 가지고 있는 나노 재료를 토대로 하는 연구 분야는 참신한 첨단 과학기술 연구 분야예요.

　우선 색깔에서 볼 때 금속이나 도자기나 할 것 없이 제조한 나노 분말은 모두 검은색을 띠죠. 금속으로 제조한 나노 재료는 경도가 몇 배 높아지고 전기가 흐르지 않는 절연체가 되며 도자기로 제조한 나노 재료는 원래 쉽게 깨지거나 부서지던 성질이 바뀌어 질긴 성질이 높아져 쉽게 깨지거나 부서지지 않아요.

　이 밖에 나노 재료는 알갱이의 지름이 작을수록 녹는점이 크게 낮아지죠. 또 나노 재료는 전기 전도성·자성·내응력 등의 성질에서도 큰 변화를 가져오죠. 이를테면 철로 만든 나노 재료는 항파괴 응력이 일반적인 철보다 12배 높아지는 거죠.

　나노 재료는 이런 특성으로 하여 실제 응용에서 한몫을 톡톡히 해요. 예를 들어 나노 자성 재료는 고밀도의 기록 테이프를 제조하는 데 쓰이죠. 나노 약물은 직접 혈관에 주사할 수 있는데, 이렇게 주사한 약물은 가장 가는 혈관을 통과할 수 있죠. 나노 촉매는 휘발유에 용해되었을 때 내영 기관의 효율을 크게 높여 주죠.

그런데 나노 재료의 생산 기술에는 아직도 미흡한 점이 많아요. 왜냐하면 일반적인 연마법으로는 나노급에 도달할 만한 재료를 제조하기 어렵기 때문이죠.

현재는 비교적 특수한 물리적 또는 화학적 가공 방법으로 나노 재료를 얻고 있어요. 예를 들면 불활성 기체인 헬륨이 가득 차 있는 밀폐된 용기 속에 금속을 넣고 가열하여 금속 고체가 증기로 변하게 하죠. 그 다음 이런 금속 원자들이 헬륨 기체 속에서 냉각, 응고되어 금속 안개를 형성하게 하죠. 이렇게 하면 마치 그을음처럼 입자가 고운 나노 금속 분말을 얻게 돼요. 이 분말을 사용해서 나노 금속 재료로 만든 제품을 얻을 수 있어요.

이 밖에 과학자들이 레이저 증발 응고법으로 만든 도자기 분말의 지름은 몇 나노밖에 안 되죠. 그러나 이러한 제조 방법은 원가가 대단히 높고 생산 규모 역시 극히 제한되어 있는 실정이에요. 때문에 나노 재료의 생산과 응용은 아직도 많은 난관을 거쳐야 한답니다.

시온 물감

맥주병이 충분히 차갑거나 프라이팬이 충분히 뜨거워지면 몰래 숨어 있던 무늬가 나타나고, 컵에 뜨거운 커피를 따르면 마술처럼 사랑의 메시지가 드러나죠. 얇은 플라스틱 조각을 이마에 대면 체온이 숫자로 표시되기도 하고요. 정말 신기한 일이 아닐 수 없죠. 온도에 따라 색이 달라지는 시온 물감이 만들어 내는 요술이랍니다.

온도에 따라 색깔이 변하는 물질은 1940년대에 처음 개발됐고, 제2차 세계대전 이후에 독일의 화학 회사 바스프에 의해서 본격적으로 상업적인 판매가 시작됐어요. 초기에는 주로 중금속 이온의 화합물이 이용됐죠. 일본에서 개발했던 아이오딘화 수은 화합물이 그런 경우죠. '텔모칼러' 또는 '카멜레온'이라는 이름으로 판매가 됐어요.

요즘은 고체와 액체의 중간 성질을 가지고 있는 액정이 주로 이용되죠. 온도에 따라 막대 모양의 액정 분자들의 배열이 달라지면서 빛이 통과하는 특성이 달라지는 현상을 이용한 것이에요. 1970년대부터는 전자를 주고받는 특성이 크게 다른 두 종류의 극성 화합물의 혼합물을 이용한 시온 물감도 개발되기 시작했죠.

과학성적 끌어올리기

　시온 물감의 용도는 정말 다양하답니다. 컵이나 펜던트와 같은 장식품이나 편리한 온도계로 이용되기도 하고 정말 심각한 목적으로 이용되기도 하죠.

　시온 물감은 기계의 복잡한 구조 때문에 온도계를 사용하기 어려운 곳에도 간단하게 사용할 수 있죠. 그래서 대용량 전기 장치에서 전동기, 변압기, 저항 스위치, 또는 도선의 접속 부위 등이 안전 기준 이상으로 과열되면서 생기는 문제를 예방하는 목적으로 많이 사용되죠. 과열 가능성이 높은 곳에 시온 물감을 이용하면 위험을 미리 알려 주는 수단이 될 수 있어요.

제3장

옷과 세면에 관한 사건

칫솔 – 낡은 칫솔이 새 칫솔로 된다고요?

고체 연료 – 비누로 연료를 만든다고요?

기름 – 옷에 기름이 묻었잖아요?

껌 – 옷에 묻은 껌

비누 – 갈라지는 비누

바지 – 안 젖는 바지

낡은 칫솔이 새 칫솔로 된다고요?

낡은 칫솔을 뜨거운 물에 담갔다 꺼내면 어떻게 될까요?

올해로 여섯 살이 되는 왕사탕은 엄마보다 사탕
과 초콜릿을 더 좋아했다. 하지만 왕사탕은 자신이
그렇게 좋아하는 사탕과 초콜릿을 마음대로 먹을
수 없었다. 왕사탕의 집은 사탕 한 알을 입 안에서
녹여먹는 게 사치스러운 일이 될 만큼 찢어지게 가난했기 때문이다.

"엄마, 제발 사탕 하나만 사 주세요."

엄마의 손을 잡고 길을 걷던 왕사탕이 사탕 가게 앞에 서서 엄마
를 졸랐다.

"사탕아, 우리는 지금 돈이 없어. 이 500원으로 사탕을 사고 나

면 우리 가족은 오늘 쫄쫄 굶어야 해. 착하지, 우리 사탕이!"

　엄마는 왕사탕을 좋게 타일렀다. 하지만 엄마의 마음엔 슬픈 비가 내리고 있었다. 사랑스러운 아들, 사탕이가 그렇게 먹고 싶어 하는 사탕 한 알을 사 주지 못했기 때문이다. 왕사탕을 억지로 이끌던 엄마의 눈에서 눈물 한 줄기가 뺨을 타고 흘러내렸다.

　가게 안에서 이 광경을 지켜보던 사탕 가게 아저씨는 자신의 어릴 적 모습을 회상했다. 사탕 가게 아저씨가 사탕이만 할 때, 나라는 질병과 가난에 허덕이고 있었다. 사탕 가게 아저씨도 사탕이처럼 사탕을 좋아했지만, 가난해서 먹을 수 없었다. 항상 사탕 가게 앞을 서성이며 군침만 흘려야 했다. 그러던 어느 날, 사탕 가게 앞을 서성이고 있던 사탕 가게 아저씨 앞에 사탕 가게 주인이 나타났다.

　"녀석, 너는 매일같이 우리 가게로 출근하면 공부는 언제 할래?"

　사탕 가게 주인은 사탕 가게 아저씨의 머리에 꿀밤을 먹였다. 그리고는 사탕 가게 아저씨의 입 안에 달콤한 사탕 한 알을 밀어 넣어 주셨다. 사탕 가게 아저씨는 입 안에 전해져 오는 달콤한 맛에 꿀밤의 고통을 느끼지 못했다. 귓가에 새소리가 들리고 눈앞에 은하수가 펼쳐진 기분이었다. 사탕 가게 아저씨는 6년 평생 그렇게 행복한 기분은 처음이었다고 한다.

　"아저씨하고 하나 약속하자! 네가 100점 받은 시험지를 가져올 때마다 사탕 하나를 주마. 네 시험지와 내 사탕을 교환하는 거지. 어떠냐?"

사탕 가게 주인은 사탕 가게 아저씨에게 달콤한 제안을 해 오셨다. 사탕 가게 주인은 어릴 적에 많이 배우지 못해 공부에 미련이 많은 사람이었다. 그는 사탕 가게 아저씨가 100점 받은 시험지를 가져오면 자신이 100점을 받은 것처럼 기쁠 것 같았다. 사탕 가게 아저씨는 사탕 가게 주인의 제안을 단번에 받아들였고, 그날 이후 사탕 가게 아저씨의 성적은 무섭게 뛰어올랐다.

그래서 사탕 가게 아저씨가 어떻게 되었냐고? 사탕 가게 아저씨는 지금 예전의 그 사탕 가게의 주인이 되었다. 그는 사탕 가게의 주인이자, (주)캔디의 사장이었으며, 스위트 컬리지의 교수이기도 했다. 사탕 가게 아저씨는 엄마의 손에 억지로 이끌려 가는 사탕이 앞으로 나오셨다.

"아주머니!"

사탕 가게 아저씨가 사탕이 엄마를 부르셨다.

"네?"

사탕이 엄마가 눈물을 훔치며 뒤돌아봤다.

"지금 이 아이는 저희 가게 앞을 지나간 만 번째 소년입니다. 만 번째 소년에겐 이 사탕 꾸러미를 선물로 주기로 했지요. 얘야, 이거 받아라."

사탕 가게 아저씨는 사탕이에게 사탕 꾸러미를 건네셨다. 사탕이의 얼굴에 해바라기 같은 미소가 번졌다.

"야호!"

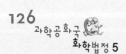

사탕이는 그 자리에서 펄쩍펄쩍 뛰며 즐거워했다. 사탕이의 엄마도 그 모습을 지켜보며 미소 지었다.

"정말 감사합니다."

사탕이 엄마는 사탕 가게 아저씨에게 고개 숙이며 감사의 말을 전했다. 사탕이 엄마와 사탕이는 웃음꽃을 피우며 앞으로 걸어갔다. 그 모습을 지켜보던 사탕 가게 아저씨의 얼굴에도 밝은 미소가 번졌다.

"사탕아, 이 닦아야지!"

사탕이 엄마가 방에서 사탕 꾸러미만 만지작거리고 있는 사탕이를 불렀다. 사탕이는 지금 당장 사탕 꾸러미 안에 있는 사탕을 다 먹어 버리고 싶었다. 그러나 사탕이는 강한 인내심을 발휘해 한 알 밖에 꺼내 먹지 않았다. 그 한 알도 오랫동안 입 안에서 굴려가며 최대한 천천히 먹었다. 사탕이는 이를 닦고 싶지 않았다. 이를 닦는 순간, 입속의 달콤한 맛이 단번에 사라질 것이기 때문이다.

"엄마, 조금만 더 있다가 닦을게요."

사탕이는 입 안에 남은 달콤한 여운을 조금 더 즐기고 싶었다.

"안 돼. 이제 잘 시간이잖니."

엄마는 아예 사탕이의 칫솔 위에 치약을 뿌려서 가져왔다. 그런데 칫솔을 본 사탕이가 인상을 찌푸리며 말했다.

"엄마, 칫솔이 너무 낡았어요."

엄마는 칫솔을 내려다보았다. 사탕이의 말대로 칫솔은 많이 낡아 있었다. 이 칫솔로 이를 닦았다간 오히려 이가 더 썩어 버릴 것만 같았다.

"그렇구나. 하지만 오늘 사탕을 먹어서 이를 닦지 않으면 이가 금세 썩어 버릴 텐데……."

엄마의 머릿속이 복잡해졌다. 지금 사탕이의 집엔 칫솔을 새로 살 돈이 없다. 그렇다고 새 칫솔을 사지 않아 이가 썩으면 치과에 가야 하는데 그만한 돈은 더욱 없다. 사탕이 엄마는 한숨을 내쉬며 자리에 주저앉았다.

그런데 그때 사탕이 엄마의 눈에 기적처럼 무료 신문의 한 글귀가 들어왔다.

'경제가 어려운 시기, 우리 함께 아나바다를 실천할 때입니다. 낡은 칫솔, 이제 버리지 마세요. 새것으로 고쳐 드립니다.'

그 광고를 본 사탕이의 엄마는 맨땅에서 100원짜리 동전을 발견한 기분이었다.

"오! 하늘이 무너져도 솟아날 구멍은 있구나."

다음 날, 사탕이의 엄마는 당장 그 칫솔 가게로 찾아갔다. 경제가 어려워서인지 그 칫솔 가게에는 발 디딜 틈이 없었다.

"차례차례 줄을 서 주세요."

칫솔 가게 주인이 앞으로 나와 복잡하게 엉킨 사람들을 일렬로 줄 세웠다. 사탕이의 엄마는 줄을 서는 과정에서 자꾸 뒤쪽으로 밀려나 제일 마지막에 줄을 서게 되었다.

"줄이 너무 기네. 그래도 조금만 기다리면 사탕이의 칫솔이 새것으로 태어날 테니 참자. 홋!"

사탕이의 엄마는 사탕이의 칫솔을 만지작거리며 미소 지었다.

그런데 거의 사탕이 엄마의 차례가 다 되어갈 때였다. 검은 양복을 입은 남자 대여섯이 칫솔 가게 안으로 들어왔다.

"칫솔 가게 사장님이 누굽니까?"

그 남자들 중에서 우두머리로 보이는 사람이 소리쳤다. 그 소리를 듣고 한참 칫솔을 고치던 칫솔 가게 사장님이 앞으로 나왔다.

"접니다. 무슨 일이시죠?"

"저희는 치카치카 칫솔 공장 사람들입니다. 며칠 동안 이 가게를 관찰한 결과 당신이 국민들을 상대로 사기를 치고 있다는 것을 알아냈습니다."

남자의 말에 가게 안이 조용해졌다.

"무슨 말씀?"

칫솔 가게 주인이 어리둥절한 표정으로 물었다.

"여러분! 여러분의 칫솔이 정말 다시 태어난다고 생각하십니까? 아닙니다. 이 가게에 칫솔을 맡겼다간 칫솔은 운동화도 닦지 못할 정도로 망가질 것입니다. 당장 슈퍼마켓으로 가 치카치카 칫솔을 구입하십시오!"

남자가 사람들을 향해 소리쳤다. 사람들은 웅성거리기 시작했다. 사탕이의 엄마도 심각한 표정으로 사탕이의 칫솔을 꽉 쥐었다.

"칫솔 가게 사장님! 저희 치카치카 칫솔 공장은 국민들을 상대로 말도 안 되는 사기 행위를 벌인 혐의로 당신을 화학법정에 고소하는 바입니다."

이렇게 해서 사탕이의 엄마는 사탕이의 칫솔을 고치지 못한 채 집으로 돌아가야 했다. 또 사탕이는 화학법정의 결과가 나올 때까지 이를 닦지 못했다.

화학법정에서는 칫솔 가게와 치카치카 칫솔 공장의 맞대결이 벌어졌다.

낡은 칫솔을 뜨거운 물에 넣으면 처음처럼 가지런해져. 이걸 찬물에 넣어서 고정시키면 돼. 열에 의해 모양이 변하는 나일론의 성질을 이용한 거야.

나일론은 열에 의해 모양이 변하기 쉽습니다.
이것을 열가소성수지라고 하며 이 성질을 이용해
낡은 칫솔을 새것으로 만들 수 있습니다.
칫솔모가 나일론이라는 점을 이용한 것이지요.

낮은 칫솔을 새 칫솔처럼 만들 수 있을까요?
화학법정에서 알아봅시다.

 판결을 시작합니다. 원고 측 변론하세요.

 칫솔을 오래 사용하다 보면 칫솔이 벌어지
는데 벌어진 칫솔을 사용할 경우 양치질하
는 효과가 별로 없기 때문에 새 칫솔로 바꾸라고 합니다. 그런
데 벌어진 칫솔을 무슨 재주로 새 칫솔로 바꿀 수 있다는 것입
니까? 칫솔 가게에서 새로 칫솔을 사 준답니까? 따라서 낡은
칫솔을 새 칫솔로 만들어 준다는 칫솔 가게는 사기를 치고 있
습니다.

 피고 측 변론하세요.

 칫솔의 성질만 잘 안다면 낡은 칫솔을 새 칫솔로 바꿀 수 있습
니다. 공화대학교 화학과 고분자 교수를 증인으로 요청합니다.

나일론을 감은 두 막대기를 들고 나타난 고분자 교수가
증인석에 앉았다.

 칫솔은 무엇으로 만듭니까?

 제가 가지고 나온 이 나일론으로 만듭니다.

나일론은 스타킹의 원료 아닙니까?

그렇습니다. 나일론은 매우 잘 늘어났다 잘 줄어듭니다. 또 질기고 가볍고 부드럽지요. 그러나 물기가 잘 흡수되지 않습니다.

나일론의 또 다른 성질이 있습니까?

나일론은 열에 의해 모양이 잘 변합니다. 이런 종류의 물질을 어려운 말로 열가소성 수지라고 하지요. 이런 성질 때문에 낡은 칫솔을 새 칫솔처럼 만들 수 있는 것입니다.

구체적으로 어떻게 만들 수 있죠?

낡은 칫솔을 뜨거운 물에 넣으면 처음처럼 가지런히 변합니다. 그 후 찬물에 넣어서 모양을 고정시키면 됩니다.

칫솔은 나일론으로 만듭니다. 나일론은 열에 의해 모양이 변하는 열가소성 수지이기 때문에 열을 이용하여 충분히 새 칫솔처럼 만들 수 있습니다.

낡은 칫솔을 뜨거운 물에 넣어 모양을 가지런히 한 다음 차가운 물에 넣어 모양을 고정시키면 새 칫솔처럼 됩니다. 따라서 칫솔 가게는 사기를 치지 않았음을 판결합니다.

나일론

나일론은 1928년, 미국의 캐러더스가 인조 섬유를 만들려고 노력한 끝에 성공했다. 1930년, 한 조수가 연구를 하다가 실험에 실패한 비커를 씻었는데, 굳어서 떨어지지 않아 가열했더니 실처럼 늘어났다. 그 재료를 여러 가지로 바꿔서 연구해 보다가 1938년, 강철보다 강한 실을 만들어 냈다. 나일론 발명으로 미국은 외국에서 비단을 많이 수입하지 않아도 되었다.

비누로 연료를 만든다고요?

어떻게 비누와 소주로 연료를 만들 수 있을까요?

　　허둥지 군은 올해 대학에 입학하는 새내기이다. 대학에 입학하기 전, 그는 학교에서 마련한 예비 모임에 참석하게 되었다. 허둥지 군은 평소와 다름없이 아침부터 허둥거리며 가까스로 시간에 맞춰 학교로 갔다.

　　학교에는 이미 도착한 친구들이 서로 인사를 나누며 화기애애한 이야기꽃을 피우고 있었다.

　　"안녕하십니까? 저는 올해 입학하게 되는 새내기 허! 둥! 지!입니다."

허둥지 군은 강의실에 들어서자마자 시키지도 않은 자기소개를 우렁차게 했다. 여학생들은 그런 허둥지 군을 보고 깔깔대며 웃었다.

"허둥지? 아! 네가 그 추가, 추가, 추가, 추가의 추가로 합격했다는 그 허둥지?"

한깝죽 군이 허둥지 군의 어깨에 손을 올리며 말했다.

"네. 그렇습니다."

허둥지 군은 다시 허리를 꼿꼿하게 세우고 우렁차게 대답했다.

"하하하! 자, 그만하고 앉자."

한깝죽 군이 허둥지 군을 자리에 앉혔다. 그리고 강의실 앞으로 나갔다.

"자, 잠시만 조용히 해 주세요. 저는 이번에 경영대 회장을 맡게 된 한깝죽입니다."

한깝죽 군이 인사를 하자 우레 같은 박수 소리가 터져 나왔다.

"오늘 우리가 이렇게 모인 것은 2월 25일 날 가게 될 MT를 의논하기 위해서입니다."

그 말을 들은 허지둥 군이 옆에 있던 나몰라 양에게 물었다.

"저기, MT가 뭡니까?"

"모르겠는데요."

나몰라 양이 머리를 긁적이며 말했다. 그러자 옆에 있던 왕나섬 군이 끼어들었다.

"MT는 마운틴이잖아요. 뭐 산에 가서 훈련한다 그런 뜻이죠."

"아니, 무슨 소리예요? MT는 meeting의 줄임말이라고요. 그러니까 단체 미팅을 하겠다, 그런 말이지요."

지잘난 양이었다. 지잘난 양의 말에 모두들 고개를 끄덕였다.

"아, 그런 거였구나!"

한갑죽 군은 수군대는 사람들을 무시하고 계속해서 말을 이었다.

"아, 새내기 분들이 혹시 모를까봐 드리는 말씀인데, MT란 Membership Training의 약자입니다."

순간 강의실 안의 분위기가 싸해졌다. 허지둥 군과 나몰라 양, 왕나섬 군은 일제히 지잘난 양을 쏘아보았다. 지잘난 양은 그들의 시선을 무시한 채 계속해서 고개를 빳빳이 쳐들었다.

"그러니까 오늘 우리가 여기서 정해야 할 것은 MT에서 함께 움직일 조와 MT에 필요한 준비물을 챙기는 것입니다. 조는 지금 책상에 모여 앉아 있는 대로 하는 걸로 하겠습니다. 각 조에서는 조장을 정하고 준비물을 분배해 주시기 바랍니다."

한갑죽 군이 말을 마쳤다. 허둥지 군은 자기와 같은 조가 된 사람들을 둘러보았다. 머리만 긁적이고 있는 나몰라 양, 여기저기 다른 조들을 염탐하고 있는 왕나섬 군, 그리고 모든 것을 단독으로 처리하려는 독재주의자 지잘난 양, 그들이었다. 지잘난 양은 자기가 이미 조장으로 뽑힌 것처럼 조원들을 통제하기 시작했다.

"다 친구니까 말 놔도 되겠지? 야, 왕나섬! 싸돌아다니지 말고 빨리 와서 앉아!"

지잘난 양이 왕나섬 군에게 소리쳤다. 지잘난 양의 말에 왕나섬 군이 쪼르륵 뛰어왔다.

"나몰라, 우리 둘째 날 저녁은 뭘 먹을까?"

지잘난 양이 나몰라 양에게 물었다.

"모르겠는데……."

나몰라 양은 여전히 머리를 긁적이며 모르겠다고 답했다. 그때 또 왕나섬 군이 끼어들었다.

"삼겹살! 삼겹살 어때? 한국인한텐 삼겹살에 소주가 제격이지. 암!"

왕나섬 군은 자신의 의견을 자랑스럽게 내놓았다.

"그래? 그럼 둘째 날 저녁은 삼겹살에 소주로 정한다."

지잘난 양이 수첩에 둘째 날 저녁 메뉴를 적었다.

"그러면 연료는 내가 가져올게. 삼겹살은 고체 연료에 구워 먹어야 제 맛이지!"

허둥지 군이었다.

"그래. 그럼 고체 연료는 허둥지! 소주나 삼겹살은 내일 만나서 같이 사도록 하자."

지잘난 양이 준비물 챙기기를 마무리 짓고 자리에서 일어섰다.

집으로 돌아온 허둥지 군은 자신이 챙겨 가기로 한 고체 연료를 챙겨 보았다.

"엄마, 고체 연료 어디 있어요?"

"고체 연료는 왜?"

부엌에서 일하고 계시던 허둥지 군의 엄마가 말씀하셨다.

"다음 주에 MT 가서 쓰려고요."

"아마 베란다 창고에 있을 거야."

"네!"

허둥지 군은 베란다 창고로 가 고체 연료를 찾기 시작했다. 그런데 아무리 뒤져 보아도 고체 연료는 없었다.

"엄마, 고체 연료가 안 보이는데요?"

허둥지 군이 부엌에 있는 엄마를 향해 소리쳤다.

"창고에 보면 노란 통 있지? 그 안에 들어 있을 거야."

부엌에 있던 엄마가 베란다에 있는 허둥지 군을 향해 소리치셨다. 허둥지 군은 다시 노란색 통을 찾기 시작했다.

"아, 찾았어요."

드디어 고체 연료가 들었다는 노란색 통을 발견했다. 그런데 창고 구석에 똑같은 노란색 통이 두 개 놓여 있었다. 허둥지 군은 내용물을 확인하기 위해 통의 뚜껑을 열었다. 그 속에 들어 있는 것은 고체 연료가 아니라 비누였다.

"어, 고체 연료가 아니잖아!"

허둥지 군은 다시 뚜껑을 닫고 옆에 있던 노란색 통의 뚜껑을 열었다. 그 속에는 시커먼 고체 연료가 부끄러운 듯 몸을 숨기고 있었다.

"찾았다!"

허둥지 군은 고체 연료가 든 통을 눈에 띄기 쉬운 현관에 두었다.

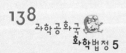

잠시 후, 부엌일을 마친 허둥지 군의 엄마가 베란다로 향했다.

"고체 연료 찾더니, 찾았니?"

허둥지 군의 엄마는 창고 문을 열었다.

"애는, 이럴 줄 알았다니깐! 이걸 여기다 놔두면 또 까먹고 안 가져가잖아. 눈에 잘 띄는 곳에 둬야지."

허둥지 군의 엄마는 비누가 든 노란색 통을 더 눈에 잘 띄는 현관에 가져다 두었다.

MT날 아침, 허둥지 군은 그날도 어김없이 허둥대며 MT 갈 준비를 했다. 그는 평소 바르지 않던 무스도 머리에 잔뜩 바르고 새로 산 옷으로 한껏 멋을 부렸다. 약속 시간에 늦을까 봐 허둥대며 막 현관문을 나가려던 허둥지 군을 엄마가 불렀다.

"둥지야! 고체 연료 가지고 가야지. 내 이럴 줄 알았다니까!"

엄마가 노란색 고체 연료통을 건넸다.

"아차차! 큰일 날 뻔했어요. 엄마, 고마워요!"

허둥지 군은 고체 연료통을 받아들고 허겁지겁 뛰쳐나갔다.

MT 둘째 날, 우여곡절 끝에 MT까지 따라오게 된 허둥지 군의 고체 연료가 그 빛을 발할 시간이었다. 조원들은 삼겹살에 소주를 걸친다는 기대에 부풀어 침을 꼴깍꼴깍 삼켰다. 모든 준비가 끝나고 이제 고기만 구우면 됐다.

"둥지야, 고체 연료 좀 가져와 봐."

지잘난 양이었다. 허둥지 군은 고체 연료가 든 노란색 통을 지잘난 양에게 건넸다. 지잘난 양이 노란색 통의 뚜껑을 열고 내용물을 꺼냈다. 그런데 이게 웬일인가! 노란색 통에 들어 있어야 할 고체 연료는 어디 가고, 허여멀건 비누만 세 개 들어 있는 게 아닌가!

허둥지 군의 엄마가 아침부터 허둥대던 허둥지 군에게 비누가 든 노란색 통을 건넸던 것이었다. 그날 허둥지 군의 조원들은 다른 조에서 맛있는 저녁을 먹는 것을 하염없이 바라보며 소주만 들이켰다. 그날 밤, 빈속에 소주를 너무 많이 마신 지잘난 양은 위장에 탈이 나고 말았다. 이래저래 너무 화가 난 지잘난 양은 자신의 책임을 다하지 못했던 허둥지 군을 화학법정에 고소해 버렸다.

알코올과 비누를 이용하여 연료를 만들 수 있습니다.
알코올에 비누를 녹여 식히면 비누 분자 사이에 알코올이
들어가 고체 연료가 됩니다. 이 비누 속 알코올이
기화되면서 불이 붙게 되는 것이지요.

비누와 소주로 고체 연료를 만들 수 있을까요?
화학법정에서 알아봅시다.

 원고 측 변론하세요.

 돼지고기는 아시다시피 날것으로 먹으면
기생충 때문에 큰일 납니다. 그래서 꼭 익
혀 먹어야 하는데 허둥지 군이 고체 연료를 들고 오지 못하는
바람에 조원들은 술만 먹게 되고 탈이 난 것입니다. 따라서 허
둥지 군에게 이 사건의 책임을 물어야 할 것입니다.

 피고 측 변론하세요.

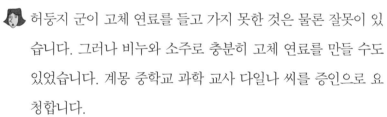 허둥지 군이 고체 연료를 들고 가지 못한 것은 물론 잘못이 있
습니다. 그러나 비누와 소주로 충분히 고체 연료를 만들 수도
있었습니다. 계몽 중학교 과학 교사 다일나 씨를 증인으로 요
청합니다.

다일나 씨가 눈을 부릅뜨고 졸고 있던 사람들에게
'일어나!' 라고 외친 후 증인석에 앉았다.

 비누로 고체 연료를 만들 수 있을까요?

 알코올만 있으면 충분히 가능해요. 이번 사건에서 소주가 있

었으니 비누와 소주를 썼으면 됐겠군요.

어떻게 만들 수 있습니까?

약한 불에 알코올을 끓입니다. 어느 정도 온도가 올라가면 잘
게 썬 비누를 넣어 비누가 다 녹을 때까지 천천히 저어 줍니
다. 비누가 다 녹은 알코올을 식히면 다시 고체가 돼요. 여기
그렇게 만든 것을 가져왔어요.

언뜻 보기에는 그냥 비누 같은데 정말 불이 붙을까요?

의심되면 한 번 불을 붙여 보시죠.

케미 변호사가 고체에 불을 붙였더니 불이 잘 붙었다.

겉모양은 일반 비누와 비슷한데 불이 아주 잘 붙는군요. 어떤
원리입니까?

알코올에 비누를 녹여 식히면 비누 분자 사이사이에 알코올이
들어가게 되죠. 그래서 그 알코올이 기화되면서 불이 붙게 되
는 것이지요.

비누 연료를 만들 때 주의 사항이 있습니까?

알코올을 끓일 때 온도가 너무 올라가지 않게 조심해야 해요.
안 그러면 알코올에 불이 붙어 버리는 수가 있거든요.

알코올에 비누를 녹여 식혔을 때 비누 분자 사이에 알코올이
들어가 훌륭한 고체 연료가 됩니다. 따라서 MT 때 허둥지 군

이 들고 간 비누와 소주를 이용해서 충분히 고체 연료를 만들 수 있었습니다.

 비누 고체 연료를 만들기 위해서는 비누와 알코올이 필요한데 소주에는 에탄올이라는 알코올 종류가 들어가 있기 때문에 소주와 비누로 고체 연료를 만들 수 있었을 것입니다. 물론 고체 연료를 챙겨 오지 못한 허둥지 군의 잘못도 있지만 비누로 고체 연료를 만들어 삼겹살을 먹을 수 있었으므로 허둥지 군에게 큰 잘못은 없다고 판결합니다.

 비누의 원리

비누란 물의 힘을 빌려서 거품을 내어 표면의 때를 깨끗하게 제거해 주는 것으로 때를 제거해 주는 원리는 화학적 구조에 있다. 비누는 성냥개비처럼 머리와 꼬리 부분으로 나누어져 있다. 기다란 꼬리 부분(탄화수소)은 기름과 친한 성질을 가지고 있어서 비누가 물에 녹으면 기름(때)을 붙잡아 감싸는 역할을 하고 동그란 머리 부분(카르복실기)은 물과 친한 성질이 있어 물 쪽으로 따라 나가려고 하기 때문에 피부나 섬유에서 때를 분리시킬 수가 있는 것이다. 이렇게 물과 기름을 섞는 역할을 계면 활성이라 하는데 핸드메이드 비누는 이때 천연 계면 활성제의 역할을 하게 된다.

옷에 기름이 묻었잖아요?

옷에 묻은 기름때를 손쉽게 제거하려면 어떻게 해야 할까요?

사건속으로

한덩치 양은 소개팅광이었다. 며칠 전엔 100번째 소개팅 기념 파티를 열어 자축하기도 했다.

한덩치 양은 소개팅을 백 번씩이나 했으니 이제 남자 친구가 있을 법도 한데, 스물여덟 살이 되도록 남자 친구를 한 번도 사귀어 보지 못했다. 소개팅 백 번의 기록은 남자에게 백 번 차인 것과 같은 횟수였다.

"난 왜 이럴까?"

한덩치 양은 점점 자신감을 잃어 가고 있었다.

한덩치 양이 남자에게 차이는 이유는 있었다. 그것은 한덩치 양이 자신의 이름대로 한 덩치 한다는 것이었다. 소개팅에 나가면 한덩치 양이 항상 상대 남자보다 덩치가 컸다. 키는 물론이고 몸무게도 남자를 능가했다.

그런 한덩치 양에게 새로운 소개팅이 들어왔다.

"덩치야, 이 남자 어때?"

한덩치 양의 친구 이쁜이 양이 사진 한 장을 내밀었다. 사진 속에 있는 남자는 한덩치 양이 평소에 그리고 그리던 이상형의 남자였다. 한덩치 양은 냉큼 그 사진을 집어 들었다.

"오, 신이시여! 정말 이렇게 조각 같은 얼굴이 현실에 존재했단 말씀이십니까!"

한덩치 양은 사진에다 침을 '두두두' 튀기며 감탄을 토해 냈다. 그리고 그 사진에서 눈을 떼지 못했다.

"덩치야, 어때? 소개팅에 한 번 나가 볼래?"

"이쁜아, 무슨 소리야! 당연히 나가야지!"

한덩치 양은 여전히 시선을 사진에 고정한 채 말했다.

다음 날 한덩치 양은 소개팅에 나갈 옷을 사기 위해 백화점으로 갔다. 백화점에는 한덩치 양을 천사로 만들어 줄 것 같은 옷들이 많았다. 한덩치 양은 백화점에 있는 옷들을 몽땅 사고 싶었다. 그러나 백화점에 있는 옷들은 몽땅 한덩치 양에게 맞지 않았다.

"옷이 뭐 이렇게 작게 나왔어요? 저거 한 번 보여 주세요."

한덩치 양은 자신의 덩치는 생각지도 않은 채 옷이 작다며 투덜거렸다. 백화점 점원들은 한덩치 양이 이 옷 저 옷 고를 때마다 심장이 쿵 내려앉는 것 같았다. 백화점은 초긴장 상태였다.

"이것도 작네. 요즘은 작은 옷이 유행인가 보죠? 난 좀 헐렁하게 입는 걸 좋아하는데……."

한덩치 양은 옷을 내려놓으며 중얼거렸다.

'옷이 작기는요. 당신이 너무 거대한 거예요.'

백화점 점원은 속으로 말하며 울고 있었다. 한덩치 양이 입어 본 옷들이 모두 늘어나 팔 수 없게 되었기 때문이다.

"아유, 안 되겠네요. 다음에 올게요."

한덩치 양은 자신의 핸드백을 들고 백화점을 빠져나왔다. 한덩치 양이 백화점을 나가자 백화점 점원들은 쾌재를 불렀다.

한덩치 양은 발걸음을 돌려 맞춤복 집으로 갔다. 그녀는 맞춤복 집에다 하얀 천사 드레스를 만들어 달라고 주문했다. 재단사는 그녀의 몸에 줄자를 둘러가며 치수를 쟀다. 재단사는 한덩치 양의 배 둘레를 재면서 땀을 뻘뻘 흘렸다. 줄자의 길이가 모자랐기 때문이다.

"줄자가 끊어졌나 봐요?"

눈치 없는 한덩치 양은 줄자가 끊어졌다고 생각했다.

"아, 네. 줄자가 많이 잘려 나갔네요."

재단사는 한덩치 양이 상처받을까 봐 줄자가 잘려 나간 것이라 말해 주었다. 그러나 사실 줄자는 공장에서 생산되어 나온 그대로의 길이였다. 그리고 재단사가 지금까지 재단사 일을 해 오면서 줄자의 길이가 모자란 일은 오늘이 처음이었다.

치수 재는 것을 끝낸 재단사의 몸엔 땀이 흥건히 배어 있었다.

"수고하셨습니다. 옷은 다음 주 이 시간에 찾으러 오세요."

재단사는 한덩치 양의 배 둘레 치수를 기록하며 말했다.

"네. 그러면 다음 주에 올게요."

한덩치 양은 지친 재단사를 뒤로 하고 집으로 돌아왔다.

일주일 뒤, 약속한 소개팅 날이 되었다. 한덩치 양은 맞춤복 집으로 가 옷을 찾았다. 옷은 한덩치 양의 기대만큼 예쁘게 만들어져 있었다. 한덩치 양은 그 옷에 매우 만족했다.

"와, 예뻐요! 제가 이 옷을 입으면 마치 하늘에서 천사가 내려온 것 같을 거예요!"

한덩치 양은 당장 탈의실로 들어가 옷을 갈아입었다. 한덩치 양이 맡긴 옷은 순백색의 드레스였는데 레이스와 반짝이는 구슬로 장식되어 있었다. 옷은 분명 아름다웠다. 그러나 그 옷을 한덩치 양이 걸치자 마치 거대한 눈사람이 눈앞에 서 있는 듯했다.

"감사합니다!"

한덩치 양은 재단사에게 인사하고 맞춤복 집을 나왔다. 아직 약속 시간이 2시간 정도 남아 있었다. 그녀는 미용실로 가서 머리를 손질하기로 했다.

"어서 오세요!"

미용실로 들어가자 미용사가 한덩치 양을 반갑게 맞이했다.

"머리를 어떻게 해 드릴까요?"

미용사는 한덩치 양을 의자에 앉히고 물었다.

"왜 TV에 나오는 요정 컨셉트의 여가수 있잖아요? 그 가수와 똑같은 요정 머리로 해 주세요. 이 드레스와 잘 어울리게요. 제가 오늘 101번째 소개팅에 나가거든요."

한덩치 양은 요정 머리를 요구했다. 그러자 미용사는 피식 웃음을 터뜨렸다.

"요정 머리요? 풋! 알겠어요."

미용사는 그 덩치에 요정 머리를 하겠다고 태연하게 말하는 한덩치 씨를 보니 웃음만 났다. 그러나 손님이기에 내색하지 못하고 한덩치 씨가 원하는 요정 머리를 만들기 시작했다.

"그런데 손님, 드레스가 정말 아름다워요! 어디서 사셨어요?"

"이거요? 맞췄어요. 백화점이나 일반 기성복 가게에는 제 마음에 드는 옷이 잘 없더라고요. 사람들이 제 눈이 까다롭대요. 호호호!"

한덩치 양은 커다란 손을 입가에 대고 우아하게 웃으려 했지만 마음대로 되지 않았다. 폭포수와 같은 침들이 손을 비집고 튀어 나왔기 때문이다.

'맞는 옷이 없는 거겠지.'

미용사는 속으로 중얼거렸다.

1시간 뒤, 한덩치 양이 원하던 요정 머리가 완성되었다.

"다 됐습니다."

미용사가 미용 가운을 벗기며 말했다. 거울을 본 한덩치 양은 1시간 전에 찾았던 드레스만큼이나 머리도 마음에 들었다.

"오호호, 역시 얼굴이 되니까 무슨 머리를 해도 잘 어울리네."

한덩치 양은 거울에서 눈을 떼지 못했다. 그런데 그때 치킨을 들고 한덩치 양 옆을 지나가던 미용 보조가 그만 치킨을 한덩치 양의 드레스 위에 떨어뜨리고 말았다.

"악!"

그것을 본 한덩치 양이 고함을 질렀다. 마치 천둥 번개가 몰아치는 것 같았다.

"어머! 어쩌면 좋아?"

당황한 미용사가 걸레를 들고 와 치킨 기름이 묻은 부분을 박박 문질렀다. 그러나 기름이 지워지기는커녕 오히려 더 크게 번졌다.

"죄송합니다! 죄송합니다!"

미용 보조는 계속해서 고개를 조아리며 사과했다.

"기름 묻은 옷을 입고 소개팅에 나갈 순 없잖아? 나를 얼마나 칠칠맞지 못한 여자로 생각하겠어?"

한덩치 양의 얼굴에 어두운 그림자가 드리웠다. 미용사는 한덩치 양이 갈아입을 만한 옷을 찾아보았다. 그러나 예쁜 옷들은 하나같이 한덩치 양에게 작았다. 한덩치 양은 할 수 없이 커다란 몸뻬를 걸치고 소개팅에 나갔다.

결과는 모두가 예상하는 그대로였다. 소개팅에 나간 지 1분 만에 보기 좋게 차인 것이다. 이로써 한덩치 양은 101번째 남자에게 차인 것이 되었다.

　집으로 돌아와 며칠 동안 우울해하던 한덩치 양은 결국 자신의 드레스에 기름을 튀겼던 미용실을 화학법정에 고소했다.

흰옷에 기름때가 묻었을 때 솜 위에 얼룩진 옷을 놓고
다리미로 그 부위에 열을 가하면 기름때가 솜으로 옮겨 갑니다.
기름은 높은 온도에서 낮은 온도로 이동하려는
성질이 있기 때문이지요.

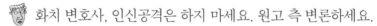

옷에 묻은 기름때를 어떻게 지울까요?
화학법정에서 알아봅시다.

 피고 측 변론하세요.

 치킨을 떨어뜨려 흰 옷에 기름때를 묻힌 미
용 보조의 잘못이 있긴 했지만 때가 묻기
쉬운 흰 옷을 입고 미용실에 오는 것이 잘못된 것 아닙니까?
거기다 기름때가 묻었을 때 지우려는 노력도 했고 옷도 빌려
주었습니다. 기름때 안 묻어도 차였겠구먼!

 화치 변호사, 인신공격은 하지 마세요. 원고 측 변론하세요.

기름때를 없앨 수 있는 간단한 방법이 있습니다. 옷 세탁 전문
가 세탁해 씨를 증인으로 요청합니다.

세에타악!을 외치며 세탁해 씨가 증인석에 앉았다.

하시는 일에 대해 설명해 주세요.

저는 20년째 깨끗해 세탁소를 운영하고 있습니다. 안 해 본 옷
세탁이 없지요.

기름때가 묻은 흰옷을 세제로 세탁하면 빠지지 않을까요?

기름때는 보통 세제로는 깨끗하게 제거하기 힘듭니다. 그래서

보통 드라이클리닝을 하지만 급한 경우에는 조금 특별하지만 간단한 방법으로 깨끗하게 제거할 수 있습니다.

어떤 방법으로 하면 되죠?

솜을 깔고 그 위에 얼룩진 옷을 올려놓습니다. 그 후 다리미로 그 부위에 열을 가하면 기름때가 솜으로 옮겨 가서 빠지게 됩니다.

어떤 원리로 한 것이죠?

기름은 높은 온도에서 낮은 온도로 이동하려는 독특한 성질이 있습니다. 얼룩진 부위에 열을 가하면 기름이 낮은 온도인 솜으로 옮겨지는 것이죠.

솜을 깔고 그 위에 얼룩진 옷을 올린 뒤 다리미로 다리면 기름이 솜에 스며들어 기름때는 깨끗이 지워집니다. 따라서 미용실에서 이런 간단한 방법으로 한덩치 씨 옷에 묻은 때를 지울 수 있었을 것입니다.

기름때는 보통 세제로 깨끗이 잘 안 지워지지만 기름의 성질을 이용해 간단한 방법으로 기름때를 없앨 수 있습니다. 특히

드라이클리닝의 원리

드라이클리닝은 물 대신 고분자 세제를 사용하는 세탁법이다. 기름 성분의 세제로는 비교적 인화점이 높은 석유 계통의 세제와 과클로로에틸렌과 같이 불이 붙지 않는 합성 세제를 주로 사용하거나 플루오르를 이용한 세제도 사용되고 있다. 고분자 세제는 기름기를 제거하는 능력이 뛰어나므로 옷에 붙어 있는 기름때는 이들 세제에 의해 떨어져 나가게 된다.

미용실의 경우 기름 종류의 재료를 사용하다 손님의 옷에 묻힐 경우 어떻게 해야 하는지 잘 대처할 수 있는 방법을 알아야 하는데 그러지 못했으므로 반성의 차원에서 한덩치 씨에게 조금이라도 배상할 것을 선고합니다.

옷에 묻은 껌

옷에 묻은 껌을 어떻게 하면 깔끔하게 떼어 낼 수 있을까요?

신말자 씨는 아침부터 여기저기 전화를 거느라
정신이 없었다. 신말자 씨는 이제 전화번호부에 남
은 마지막 번호를 누르며 '제발! 제발!' 기도했다.

"따르릉~ 따르릉!"

"네."

상대방이 전화를 받았다.

"미라 엄마, 나 동현이 엄만데……."

신말자 씨는 지푸라기라도 잡고 싶은 심정으로 소리치듯 말했다.

"아, 동현 엄마! 무슨 일이야?"

미라 엄마가 물었다.

"혹시 오늘 하루만 우리 동현이를 좀 맡아 줄 수 있나 해서 말이야. 2시부터 6시까지만 맡아 주면 돼. 오늘 우리 집에서 동창회를 하기로 했거든."

신말자 씨는 벌써 27번째 통화를 시도하고 있었다. 동창회를 하는 동안 동현이를 맡아 줄 사람을 찾기 위해서다. 그러나 동현이를 맡아 주겠다고 선뜻 나서는 사람이 없었다. 미라 엄마도 마찬가지였다.

"동현 엄마, 어쩌지? 나 지금 외출해야 돼서 말이야. 정말 미안해."

"그래? 휴! 할 수 없지 뭐. 다른 사람한테 알아볼게. 외출 잘하고 와."

신말자 씨는 동현이를 다른 사람에게 맡겨 보겠다고 말한 뒤 전화를 끊었다. 그러나 사실 이제 더 이상 부탁해 볼 사람도 없었다. 사람들은 몸이 안 좋다, 외출한다, 청소 중이다 등의 이유로 동현이 맡기를 거부했다.

그도 그럴 것이 올해로 여섯 살이 되는 동현이는 네모 아파트에서 제일가는 악동이었다. 며칠 전엔 207호에 사시는 할아버지 수염을 불태워 신말자 씨에게 혼이 났었다. 그뿐만이 아니다. 네모 아파트에서 동현이 또래의 아이를 가진 부모님들은 동현이 때문에 맘놓고 아이들을 밖에 내보낼 수 없었다. 왜냐하면 밖에 나갔다가 동현이와 어울린 날에는 꼭 어딘가 부러져서 들어왔기 때문이다.

아파트 주민들은 섣불리 동현이를 맡았다간 필시 무슨 봉변을 당하고 말리라는 것을 잘 알고 있었다. 이런 사정을 너무나도 잘 아는 신말자 씨이기에, 동현이를 다른 곳에 맡기는 것은 포기하기로 했다.

"동현아, 조금 있으면 엄마 친구들이 오실 거야. 그러니까 장난치지 말고 얌전하게 있어야 해."

그러나 동현이는 그 순간에도 가만히 있지 못했다.

"응, 알았어. 그게 뭐 어려운 일이라고."

동현이는 신말자 씨의 말에 건성으로 대답하고는 자기 방으로 뛰어 들어갔다.

잠시 후 2시, 신말자 씨의 집에 초인종이 울렸다. 신말자 씨의 고등학교 동창들이 찾아온 것이다.

"말자야, 오랜만이다!"

제일 먼저 신말자 씨의 집으로 들어온 사람은 차영숙 씨였다. 차영숙 씨는 고등학교 때 신말자 씨와 앙숙 관계에 있었던 친구로 지금도 여전히 사이가 좋지 못했다.

"와! 집 좋다."

두 번째로 집을 두리번거리며 들어온 사람은 노숙자 씨였다. 노숙자 씨는 학교 다닐 때 전교 1등을 놓쳐 본 적이 없는 수재였다. 대학도 수도권의 명문 대학으로 진학했으나, 대학 진학 후 미팅과 술에 찌든 방탕한 삶을 살았다. 그때부터 그녀에게 공부는 뒷전이었고, 그래서 그녀의 인생도 뒷전 인생이 되어 버렸다. 노숙자 씨를 보면 늦게 배운 도둑질이 무섭다는 것을 뼈저리게 느낄 수 있었다.

"어서들 와! 어쩜 이렇게 하나도 안 변했니, 다들!"

신말자 씨는 친구들과 일일이 인사를 나누며 집 안으로 맞이했다.

신말자 씨의 친구들이 집 안으로 들어오자 자기 방에서 놀던 동현이가 슬그머니 거실로 나왔다. 동현이의 눈에서는 장난기가 슬슬 올라오고 있었다.

"동현아, 이리로 와서 엄마 친구 분들께 인사해."

신말자 씨가 동현이를 불렀다. 동현이는 수줍은 듯 아줌마들 앞으로 나가 고개를 숙였다.

"안녕하세요?"

"아이고, 얘가 말자 아들이구나? 입이 툭 튀어 나온 게 지 엄마랑 똑 닮았네. 호호호!"

차영숙 씨가 신말자 씨의 약점을 들추며 웃어 댔다. 그러자 다른 동창생들도 동현이를 보며 키득거렸다. 차영숙 씨가 자신을 놀리고 있다는 것을 안 동현이는 발로 차영숙 씨의 정강이를 차려고 했다. 순간 그것을 눈치 챈 신말자 씨가 동현이를 확 끌어안았다.

"동현아, 너는 이제 네 방 가서 놀아. 호호호!"

신말자 씨는 어색한 웃음을 지으며 억지로 동현이를 자기 방에 밀어 넣었다.

"말자야, 왜 그래! 방에 있으면 갑갑하잖아. 여기서 뛰어놀게 놔 둬. 우린 괜찮아."

노숙자 씨가 자기 방으로 쫓겨나는 동현이의 팔을 잡아당기며 말했다. 신말자 씨는 할 수 없이 한 마리의 야생 동물과 다름없는 동현이를 거실에 풀어 놓았다.

"말자야, 근데 너 고등학교 때 정말 공부 못했었잖아? 하하하! 네 아들은 공부 잘하니?"

차영숙 씨였다. 차영숙 씨는 고등학교 때부터 신말자 씨를 못 잡아먹어 안달이었다.

"뭐, 너도 만만치 않았잖니? 아! 그거 생각난다. 너 커닝하다 걸려서 교내 봉사 활동했었던 거 말이야. 하하하! 난 공부를 좀 못해도 양심적이긴 했지."

신말자 씨도 지지 않고 대꾸했다. 결국 신말자 씨에게 한방 먹은 차영숙 씨는 속에서 화가 '훅' 치밀어 오르는 것을 느꼈지만 다음 기회를 기약하며 참아 넘겼다.

"그건 그렇고, 우리 담임선생님 있잖아. 결혼하셨을까? 우리 졸업할 때까지 노처녀셨잖아."

노숙자 씨가 급히 화제를 다른 곳으로 돌렸다.

"아, 너 아직 그 소식 못 들었구나? 우리 담임선생님 결혼 안 하셨어. 아마 평생 못하실걸?"

반장이었던 김똘순 씨가 말했다.

"아니, 왜?"

노숙자 씨가 호기심 어린 눈으로 김똘순 씨를 바라보며 물었다.

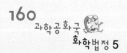

"우리 담임선생님 수녀 되셨잖아."

"뭐라고? 정말이야? 하하하하!"

여고 동창생들은 과거의 추억들을 회상하며 화기애애한 분위기를 만들어 가고 있었다.

"와! 저거 말자네 가족사진인가 봐. 저분이 남편?"

차영숙 씨는 또 무슨 말을 꺼내려는지 벽에 걸린 가족사진으로 말문을 열었다.

"응, 우리 남편이야."

"와, 잘생겼다."

동창 친구들은 신말자 씨 남편을 보고 잘생겼다며 호들갑들이었다.

"정말! 말자 네가 이렇게 잘생긴 남자하고 결혼할지 누가 알았겠어? 말자 남편 꼭 크로마뇽인 닮지 않았니? 호호호! 정말 잘생긴 크로마뇽인 말이야."

차영숙 씨는 칭찬인지 욕인지 모를 말을 내뱉어 또다시 분위기를 급랭시켰다.

'크로마뇽인이 잘생겨 봤자 크로마뇽인이지.'

신말자 씨는 속이 부글부글 끓어오르는 것을 가까스로 진정시켰다.

그때였다. 거실 구석에서 차영숙 씨의 말을 듣고 있던 동현이가 터벅터벅 차영숙 씨 앞으로 걸어 나왔다. 신말자 씨는 신경을 곤두세우고 동현이의 일거수일투족에 주목했다.

'쟤가 또 왜 저러지? 발로 차려는 건가? 설마 똥침?'

그러나 신말자 씨의 예상은 모두 빗나갔다. 동현이는 차영숙 씨가 자신의 아빠를 놀리는 것에 화가 나, 입 안에 씹고 있던 껌을 차영숙 씨의 옷에다 뱉어 버렸다.

"꺅! 얘가 왜 이래?"

차영숙 씨가 고함을 지르며 자리에서 일어났다. 당황한 신말자 씨가 어쩔 줄 몰라 하며 차영숙 씨 곁으로 갔다.

"영숙아, 미안해! 동현아, 왜 그랬어?"

"으악! 이게 얼마나 비싼 옷인데, 지금 당장 떼 내!"

"그러다 비싼 옷 상하면 어쩌려고! 세탁소에 맡겨서 내일 갖다 줄게."

"싫어! 지금 당장 떼!"

화가 난 차영숙 씨는 막무가내였다. 세탁소에 맡겨서 갖다 주겠다 해도 싫다, 옷값을 물어 주겠다 해도 싫다, 차영숙 씨는 그냥 오기를 부리고 있는 것이었다.

도무지 해결할 방도가 없다고 생각한 신말자 씨는 이 일을 화학법정에 의뢰했다.

껌이 옷에 붙었을 경우에는 옷 위에 신문지를 올려놓고
다리미질을 하면 됩니다. 껌의 주재료인 천연고무가 열에 녹는
성질을 이용한 것입니다. 반대로 얼음으로 온도를
낮춰 떨어뜨리는 방법도 있습니다.

옷에 묻은 껌은 어떻게 떼어 낼까요?
화학법정에서 알아봅시다.

판결을 시작하겠습니다. 화치 변호사, 변론
하세요.

아줌마들 싸움까지 우리 법정에서 해결해
주어야 하는 겁니까?

의뢰한 사건은 해결해 주어야 하는 것이 우리 화학법정의 의
무입니다. 그런 식으로 말하지 마세요.

전 별 다른 방법이 없습니다. 어디 잘하는 세탁소에 맡기는 수
밖에요.

쯧, 그게 안 돼서 사건 의뢰를 한 것이지 않습니까! 케미 변호
사, 변론하세요.

껌이 옷에 붙으면 보통 긁어 내려고 합니다. 하지만 이럴 경우
껌이 남아 있어 더 지저분하게 되죠. 식품 개발 연구원 마싯게
박사를 증인으로 요청합니다.

배가 불뚝 튀어나온 마싯게 박사가 증인석에 앉았다.

껌은 어떤 성분으로 이루어져 있죠?

껌의 주재료는 천연고무입니다. 물론 껌에 쓰이는 고무는 인체에 해를 끼치지 않습니다. 그 고무에 각종 향과 조미료를 섞어 껌을 만듭니다.

껌이 옷에 붙은 경우 떼어 내기 쉽지 않은데 좋은 방법이 있을까요?

껌이 붙은 옷 위에 신문지를 올려놓고 다림질을 하면 껌이 신문지에 옮겨 붙습니다.

왜 그런 것이죠?

천연고무는 열을 가하면 녹는 성질이 있습니다. 그래서 다리미로 열을 가하면 껌이 녹아 신문지에 붙는 것이죠.

만약에 다리미가 없을 경우에 다른 방법은 없을까요?

반대로 굳혀서 떨어뜨리는 방법이 있습니다.

어떻게 하면 껌을 굳힐 수 있을까요?

껌이 붙은 부분에 차가운 얼음을 대고 문지르면 냉기에 의해 껌이 딱딱하게 굳게 됩니다. 이때 조금씩 털어 주면 껌이 떨어집니다.

껌의 성질을 이용하여 녹여서 떼어 내는 방법과 굳혀서 떼어 내는 방법이 있습니다. 따라서 신말자 씨는 옷에 신문지를 올려 다림질을 하거나, 얼음으로 껌을 굳혀 떼어 내면 될 것입니다.

판결합니다. 껌이 열에 녹고 굳는 성질에 따라 옷에 붙은 것을 깔끔하게 떼어 낼 수 있습니다. 신말자 씨는 껌 위에 신문지를

올려 다림질을 하여 껌을 녹여 떼어 내거나 얼음으로 굳혀 털
어 내는 방법을 사용하시기 바랍니다.

최초의 껌

포도당과 비닐을 섞으면 껌이 된다. 껌은 오래 씹을 수 있도록 만든 과자의 일종이다. 처음에는 고
무에 설탕을 넣어 만들었다. 그렇게 한 것이 제2차 세계대전에서 패망한 일본에 의해 고무 대신 비
닐을 이용한 새로운 껌이 만들어지게 되었던 것인데 그것이 바로 야마모토 사요지가 발명한 세계
최초의 추잉껌이다.

갈라지는 비누

통풍이 잘되는 곳의 비누와 목욕탕의 비누는 왜 다른 모습일까요?

왕거품 씨는 요즘 새로운 비누를 개발하는 데 혼신의 힘을 기울이고 있다. 왕거품 씨가 개발하고 있는 비누는 시중에 나와 있는 일반적인 비누와 차원이 달랐다. 겉모양은 일반 비누와 마찬가지로 사각형이다. 그러나 하나의 비누에서 세 가지 향기가 나는 특이한 점이 있었다. 비누를 처음 개봉했을 때는 장미향이다. 그리고 비누를 3분의 1 정도 쓰고 나면 라벤더향이 난다. 또 3분의 1을 쓰고 나면 상큼한 레몬향이 난다. 이 비누는 비누를 절반도 쓰지 않았는데 그 비누 향에 질려 버리는 그런 사람들에게 제격이었다.

왕거품 씨가 개발하고 있는 비누의 가장 특이한 점으로 꼽을 수 있는 것은 바로 '왕거품'이었다. 왕거품 씨의 비누에서는 포도알만 한 거품들이 몽실몽실 부풀어 올랐다. 그 거품들은 감촉이 부드럽고 포근해서 비누를 사용하는 사람들에게 심신의 안정을 가져다주었다.

12월 19일, 왕거품 씨가 심혈을 기울인 비누가 마침내 완성되었다.

"야호! 드디어 완성이야!"

왕거품 씨는 자신이 개발한 비누를 들고 연구실을 뛰쳐나왔다. 이제 남은 일은 크리스마스 시즌에 맞춰 비누를 대량 생산해 내는 일이었다.

"김 실장, 이것을 가지고 가서 비누를 대량으로 생산해 내도록 하게."

'보드라운 비누 회사'의 사장이기도 한 왕거품 씨는 김 실장에게 비누 제조에 관한 일급 비밀문서를 건넸다. 김 실장은 곧장 공장의 생산 라인으로 달려가 이 획기적인 비누 제조를 시작했다.

12월 24일, 김 실장이 왕거품 씨의 방으로 들어왔다.

"사장님, 비누가 모두 완성되었습니다."

"그래? 어디 한번 가 보세."

왕거품 씨는 김 실장을 앞세워 비누들이 쌓여 있는 공장으로 들어갔다. 공장에는 김 실장의 말대로 완성된 수천 개의 비누들이 높이 쌓여 있었다. 속살을 드러내고 있는 비누들은 하나같이 보석처럼 반짝였다.

"오, 원더풀! 내일 당장 시장에 내놓을 수 있는 거지?"

왕거품 씨가 김 실장을 뒤돌아보며 말했다.

"물론입니다. 이미 다팔아 백화점과 판매 계약을 맺어 놓은 상태입니다."

"좋았어! 그러면 일단 생산 라인 가동을 멈추고, 시장의 반응을 본 뒤 차후 일을 결정하도록 하세."

왕거품 씨는 비장한 표정으로 공장을 빠져나갔다.

다음 날, 다팔아 백화점에는 왕거품 씨의 비누들이 보기 좋게 진열되었다. 크리스마스라 그런지 다팔아 백화점에는 넘쳐나는 사람들로 발 디딜 틈이 없었다. 사람들은 사랑하는 사람에게 전할 특별한 선물을 찾고 있었다. 그런 사람들의 눈길을 끈 건 바로 왕거품 씨의 비누였다. 왕거품 씨의 비누는 소중한 사람에게 선물하기에 손색이 없는, 그야말로 특별한 선물이었다.

"풍부하고 부드러운 거품으로 사랑하는 사람들의 마음을 감싸 주세요. 장미, 라벤더, 레몬의 향을 동시에 전해 주세요. 사랑하는 사람을 특별하게 만들어 줄 거예요."

사람들은 그 비누가 자신들이 사랑하는 사람의 마음을 부드럽게 감싸 줄 것만 같은 착각에 사로잡혔다. 그래서 너도나도 예쁘게 포장된 왕거품 씨의 비누를 앞 다퉈 사 갔다. 왕거품 씨의 비누는 그야말로 대박이었다.

12월 26일, 공장으로 돌아온 왕거품 씨와 김 실장이 마주 앉았다.

"김 실장, 결과는 어떤가?"

"사장님! 12월 24일까지 만들어졌던 비누들이 하나도 남김없이 모두 팔렸습니다."

"하하하! 내 그럴 줄 알았지. 지금부터 생산 라인을 풀로 가동시켜 왕거품 비누를 왕창 만들어 내도록 하게!"

이렇게 해서 왕거품 씨의 보드라운 비누 회사에서는 왕거품 비누를 본격적으로 생산해 내기 시작했다. 모든 계획은 순조롭게 진행되어 가고 있었다.

그러던 어느 날, 김 실장이 왕거품 씨의 방을 찾았다.

'똑똑똑!'

"들어오게."

김 실장이 방 안으로 들어오는 것을 본 왕거품 씨가 무슨 일인지 궁금한 표정을 지었다.

"무슨 일인가?"

"사장님, 왕거품 비누의 생산은 아주 순조롭게 진행되고 있습니다."

"그런데 문제는?"

눈치 빠른 왕거품 씨가 김 실장의 다음 말을 미리 내뱉었다.

"그런데 문제는, 생산된 비누를 저장할 공간이 부족하다는 것입니다."

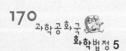

"음……."

왕거품 씨는 잠시 고민에 빠졌다.

"공장은 이미 왕거품 비누로 넘쳐나고 있습니다."

"김 실장, 그렇다면 비누를 저장할 창고를 하나 마련해 보게. 이 왕거품 비누는 그만한 비용을 감수할 만한 가치가 있네."

왕거품 씨는 비누 보관 창고를 얻으라고 지시했다. 김 실장은 당장 공장 근처에 큼지막한 창고를 얻었다.

이제 보드라운 비누 공장에서 만들어지는 비누들은 생산되는 즉시 공장 옆에 있는 창고로 옮겨졌다. 왕거품 씨는 새로 마련된 창고를 보며 매우 흡족한 표정을 지었다.

"이 정도 창고면 충분하겠구먼. 그런데 김 실장, 이 비누를 그냥 여기 넣어 두면 위험하지 않겠나?"

왕거품 씨가 김 실장에게 물었다.

"아무래도 조금 위험할 것 같습니다."

"그렇겠지? 그러면 오늘 당장 창고지기를 한 명 구하게."

왕거품 씨는 이번엔 창고지기를 구하라고 지시했다. 왕거품 씨의 충실한 종인 김 실장은 또 당장 비누 창고를 지킬 창고지기를 구해 왔다.

비누 창고를 지키게 된 창고지기는 60대의 변창고 씨로 성실하고 정직한 사람이었다. 그는 수박 창고, 귤 창고, 화장지 창고, 물통 창고 등의 창고지기를 역임했던 화려한 경력도 지니고 있었다.

"변창고 씨, 뭐 특별히 관리할 것은 없습니다. 그냥 창고 안의 비누가 도난당하지 않도록 주의해 주십시오."

김 실장은 변창고 씨에게 당부의 말을 남기고 집으로 퇴근했다.

다음 날, 보드라운 비누 회사로 출근한 김 실장은 왕거품 비누들이 잘 있는지 확인하기 위해 창고부터 들렀다. 성실한 변창고 씨는 뜬눈으로 밤을 지새운 눈치였다. 그는 두 눈이 빨갛게 충혈됐음에도 불구하고 피곤한 기색 없이 자신의 본분에 충실하고 있었다.

"안녕하세요, 피곤하시죠? 이제 좀 들어가 쉬세요."

김 실장이 변창고 씨에게 다가가 인사를 건넸다.

"무슨 소리십니까? 제가 할 일은 다하고 쉬어야지요. 시간이 되면 제가 알아서 들어가 쉬겠습니다."

역시 변창고 씨는 김 실장을 실망시키지 않았다. 김 실장은 사람 하나는 잘 뽑았다고 생각하며 창고 문을 열었다. 그런데 창고 안으로 들어가 비누를 살피던 김 실장의 인상이 구겨졌다. 비누가 하나같이 금이 가고 갈라져 있었던 것이다.

"변창고 씨! 이게 어떻게 된 일입니까? 비누들이 왜 이 모양입니까?"

변창고 씨는 영문을 몰라 하며 창고 안으로 들어갔다. 비누의 상태를 확인한 변창고 씨는 그제야 김 실장이 왜 그러는지 알 것 같았다. 그러나 변창고 씨는 밤새 비누들에게 어떠한 압력도 가하지 않았다.

"저는 모르는 일입니다."

변창고 씨는 사실대로 자신은 모르는 일이라 말했다. 그러나 김 실장은 변창고 씨가 공장에 막대한 피해를 입혔다며 그를 해고해 버렸다. 억울해진 변창고 씨는 왕거품 씨를 찾아가 자신의 억울함을 호소해 보았다. 그러나 왕거품 씨도 김 실장과 마찬가지로 모든 책임을 변창고 씨에게 떠넘기려 했다.

결국 억울한 누명을 뒤집어쓰게 된 변창고 씨는 보드라운 비누 회사의 사장 왕거품 씨를 화학법정에 고소하게 되었다.

비누의 주성분인 수산화나트륨은 공기 중의 수분을 빨아들이는 조해성이라는 특징이 있습니다. 그래서 수분이 많은 곳에서 비누는 항상 물에 불어 있고, 반대로 통풍이 잘되는 곳의 비누는 수분이 부족해서 갈라지는 것입니다.

비누가 갈라지는 이유는 무엇일까요?
화학법정에서 알아봅시다.

 피고 측 변론하세요.

 화장실에서 주로 쓰는 비누를 보면 늘 매끈
한 상태를 유지하고 있습니다. 즉, 비누는
잘 갈라지지 않는다는 것이죠. 그런데 보드라운 비누 회사의
비누들이 모두 갈라진 것은 창고 관리를 하던 변창고 씨의 잘
못으로 볼 수밖에 없습니다. 오히려 손해 배상 청구를 당하지
않은 것으로 감사해야죠.

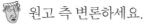 원고 측 변론하세요.

 목욕탕에 있는 비누는 잘 갈라지지 않습니다. 그러나 건조한
곳의 비누는 갈라져 있는 것을 종종 볼 수 있습니다. 왜 그런
것일까요? 계몽 중학교 과학 교사 다일나 씨를 증인으로 요청
합니다.

다일나 씨가 눈을 부릅뜨고 졸고 있던 사람들에게
'일어나!' 라고 외친 후 증인석에 앉았다.

 비누가 물에 녹으면 미끌미끌한 이유는 무엇인가요?

비누 속에 있는 수산화나트륨 때문이에요.

수산화나트륨의 큰 특징은 무엇이죠?

수산화나트륨은 공기 중의 수분을 빨아들이는 성질이 있습니다. 이를 '조해성'이라고 하지요.

그래서 목욕탕의 비누가 항상 불어 있는 거군요.

네, 특히 목욕탕 등 공기 중의 수분이 많은 곳은 수산화나트륨이 끊임없이 수분을 빨아들이면서 불고 조금씩 녹기 때문에 항상 미끌미끌한 것입니다.

비누가 잘 갈라지는 장소는 어떤 곳인가요?

바람이 잘 부는 곳이에요. 다시 말해 통풍이 잘되는 곳이죠.

왜 그런가요?

공기 중의 수분을 빨아들여 녹아 있던 수산화나트륨이 바람 때문에 다시 말라 버리죠. 이런 상황이 반복되면 비누가 쩍쩍 갈라져요.

비누는 수산화나트륨 때문에 공기 중의 수분을 빨아들이는 조해성이라는 특징이 있습니다. 그래서 목욕탕 등 수분이 많은 곳에서는 항상 불어 있지요. 그러나 통풍이 잘되는 곳에서는 수분을 빨아들였다가 다시 마르기 때문에 비누가 갈라지는 것입니다.

비누를 잘 보관하려면 비누를 통풍이 잘 안 되는 곳에 보관하거나 비누를 종이에 싸서 보관해야 하는데 보드라운 비누 회

사는 이를 생각하지 않고 창고를 지었고 창고 관리인까지 두었습니다. 창고 관리인은 아무런 지시도 받지 않은 채 오직 자신의 일만 했기 때문에 창고 관리인의 해고는 부당하다고 판결합니다.

 천연 비누

천연 비누는 일반 세제와는 달리 단지 천연 오일과 가성소다의 화학(비누화) 반응을 통해 만들어진다. 하지만 일반 세제는 여러 가지 화학 첨가물, 즉 합성 계면 활성제·금속이온봉쇄제(EDTA)·황산화 제·고형제·방부제·인공향·인공 색소 등이 비누 제조 공정에 추가로 들어가므로 인체에 유익하다고 볼 수 없다. 화학 요소가 입으로 들어갈 경우 조금씩 배출 될 수는 있으나, 피부로 들어간 것들은 좀처럼 배출되지 않고 몸에 남게 된다. 합성 세제를 사용할 경우, 보통 하루에 4mg 정도가 피부에 들어간다.

안 젖는 바지

젖지 않는 바지가 비에 젖은 이유는 무엇일까요?

나사치 씨는 심각한 쇼핑 중독에 걸린 20대 직장 여성이다. 그녀는 어떤 물건이 자기에게 필요하건 필요하지 않건 간에 일단 구입해야 직성이 풀리는 성격이었다. 이런 나사치 씨에게 TV 홈쇼핑은 쥐약 이었다. TV 홈쇼핑은 TV를 켜기만 하면 나사치 씨가 살 수 있는 물건들이 '뽕뽕' 하고 튀어나왔고, 전화기로 숫자만 몇 개 누르면 며칠 뒤 집으로 배달까지 되었기 때문이다. 나사치 씨의 집에는 홈쇼핑 업체에서 배달된 물건들로 발 딛을 틈이 없었다. 심지어 어떤 물건들은 아예 포장도 뜯지 않은 채 방치되어 있었다.

나사치 씨의 쇼핑 만행은 주로 나사치 씨가 회사에 출근하지 않는 주말에 이루어졌다. 그녀는 하루 종일 TV 앞 소파에 앉아 홈쇼핑 채널만 시청했다. 전화기를 손에 꼭 붙든 채 말이다. 그 주말이 지나면 나사치 씨 집으로 어김없이 물건들이 하나씩 배달되어 오기 시작했다.

나사치 씨가 남자 친구인 한미남 씨를 만나는 주말엔 그나마 낫다. 나사치 씨가 TV 앞에 앉아 있는 시간이 그만큼 줄어들기 때문이다. 그러나 한미남 씨가 피치 못할 사정이 생겨 나사치 씨를 만나지 못하는 날엔 나사치 씨 집의 전화기가 불이 난다. 나사치 씨가 애정 결핍 증세를 보이며 평소보다 몇 배에 달하는 쇼핑을 하기 때문이다.

또 다시 찾아온 주말, 나사치 씨는 한미남 씨와의 데이트를 위해 외출 준비를 했다. 이틀 전 집으로 배달되었던 홈쇼핑 박스를 그제야 뜯었다. 박스 속에는 지난 주 나사치 씨가 주문했던 원피스 한 벌이 들어 있었다.

"이건 언제 주문했지?"

나사치 씨는 자신이 그런 옷을 주문했다는 사실조차 까맣게 잊고 있었다. 그녀의 상태는 아주 심각했다.

"역시, 난 선견지명이 있다니까! 어쨌든 오늘 같은 날에 딱 어울리는 원피스야!"

원피스를 차려입은 나사치 씨는 거울 앞에서 한 바퀴 돌아보며

만족한 미소를 지었다. 그때였다. 나사치 씨의 전화기가 요란하게
울렸다.

"따르릉~ 따르릉!"

"여보세요?"

"사치야, 나야."

나사치 씨의 남자 친구 한미남 씨였다.

"어, 오빠! 나 지금 나가려던 참이야."

나사치 씨는 들뜬 목소리로 말했다.

"사치야, 그런데 미안해서 어쩌지? 지금 갑자기 거래처 사장님이
내려오신다고 해서 말이야."

한미남 씨는 데이트 약속을 취소하기 위해 전화를 건 것이었다.
나사치 씨는 부풀었던 풍선에 바람이 새나가는 기분을 느꼈다.

"오늘 꼭 만나야 해?"

나사치 씨의 목소리에 실망한 기색이 역력했다.

"응, 정말 중요한 거래처거든. 내가 다음 주에 맛있는 거 사 줄게.
그러니까 한 번만 봐주라. 응? 아잉~!"

한미남 씨는 미안한 마음에 온갖 애교를 떨며 나사치 씨의 마음
을 풀어 주려 했다.

"알았어. 그럼 거래처 사람 잘 만나고 와. 난 집에서 쉴게."

그런 한미남 씨의 마음을 알아챈 나사치 씨는 아쉽지만 데이트를
포기하기로 했다.

"역시, 고마워! 사치야, 나중에 연락할게."

한미남 씨는 기분 좋은 목소리로 전화를 끊었다. 그러나 갑자기 약속이 취소된 나사치 씨의 기분은 엉망이었다. 그녀는 거울 속에 비치는 예쁘게 단장된 자신을 바라보며 한숨지었다.

"에휴!"

나사치 씨는 자신도 모르게 또 다시 TV 앞 소파에 앉았다. 리모컨으로 채널을 돌리던 나사치 씨는 결국 TV 홈쇼핑 채널에 채널을 고정시켰다.

"황금 같은 주말에 이게 뭐람!"

너무 기분이 상해 버린 나사치 씨는 오늘 따라 TV 홈쇼핑도 재미가 없는 것 같았다.

TV 홈쇼핑에서는 남성용 바지를 광고하고 있었다.

"보세요! 이렇게 물을 많이 뿌려도 절대 안 젖어요. 한번 해 보실래요?"

TV 홈쇼핑의 쇼핑 호스트들은 멀쩡한 바지에다 물을 뿌렸다. 그러자 물이 바지를 타고 줄줄 흘러내렸다.

"와아!"

그 광경을 지켜본 방청객들이 식상한 톤으로 놀란 척 바람을 잡았다.

나사치 씨는 자신도 모르게 홈쇼핑 광고 속으로 빠져들었다.

"호! 신기하네. 물에 안 젖는다고?"

나사치 씨는 예전에 빗속을 가로질러 자신에게 뛰어오던 한미남 씨의 모습을 회상해 냈다.

"그때 오빠 옷이 흠뻑 젖어서 속상했었는데……."

나사치 씨는 다시 TV 홈쇼핑에 시선을 고정시켰다. 그리고 잠시 후, 나사치 씨의 손이 벌써 전화기에 가 있었다.

'1, 9, 4……'

나사치 씨의 손가락은 바지 주문을 위한 번호를 누르기 시작했다. 잠시 후 '물에 젖지 않는 바지' 주문이 완료되었다. 나사치 씨는 다음 주에 한미남 씨에게 선물해 주리라 생각하며 스르륵 잠이 들었다.

일주일 뒤, 나사치 씨는 또 다시 한미남 씨와의 데이트를 위해 외출 준비를 하고 있었다. 나사치 씨는 아직 포장을 풀지 않은 또 다른 박스를 뜯었다. 그 박스 안에는 하늘거리는 블라우스와 체크무늬 미니스커트가 들어 있었다.

"어머나! 이건 또 언제 주문한 거지?"

나사치 씨는 블라우스와 미니스커트를 입으며 중얼거렸다. 출처야 어찌 됐건 그 옷은 나사치 씨에게 아주 잘 어울렸다. 나사치 씨는 한미남 씨에게 줄 '물에 젖지 않는 바지'를 챙겨 약속 장소인 공원으로 나갔다.

공원에는 훤칠한 미남의 한미남 씨가 먼저 와 기다리고 있었다.

"사치야, 여기야!"

먼저 나사치 씨를 발견한 한미남 씨가 나사치 씨를 불렀다. 나사치 씨는 자신을 부르는 소리를 듣고 한미남 씨에게 쪼르륵 달려갔다.

"오빠, 내가 좀 늦었지? 미안! 이건 선물이야. 호호!"

나사치 씨는 한미남 씨에게 '물에 젖지 않는 바지'가 든 박스를 내밀었다. 박스를 뜯자 그 속에는 바지가 10벌이나 들어 있었다.

"헉! 사치야, 나 바지 10벌씩이나 필요 없는데⋯⋯."

"10벌 세트라 어쩔 수 없었어. 오빠, 근데 이 바지 물에 안 젖는 바지다? 쇼핑 호스트들이 바지에 막 물을 붓는데도 안 스며들더라고. 지금 화장실 가서 맞는지 한번 입어 봐."

나사치 씨는 한미남 씨를 공원의 화장실로 밀어 넣었다. 잠시 후 한미남 씨가 '물에 젖지 않는 바지'로 갈아입고 나사치 씨 앞에 나타났다.

"와, 멋져!"

바지는 한미남 씨에게 맞춘 것처럼 딱 맞았다. 나사치 씨는 그런 한미남 씨를 보며 매우 흡족한 표정을 지었다.

그런데 그때였다. 하늘이 물에 젖지 않는 바지를 시험해 보겠다는 듯이 비를 뿌리기 시작한 것이다.

'쏴쏴쏴아아!'

"으악! 갑자기 웬 비야?"

나사치 씨가 건물 안으로 뛰어가며 소리쳤다.

"사치가 사준 물에 젖지 않는 바지가 있는데 무슨 걱정이야?"

한미남 씨가 빗속을 뛰어다니며 말했다.

"뭐라고? 하하하!"

나사치 씨는 한미남 씨의 말에 폭소를 터뜨렸다.

그런데 그도 잠시, 한미남 씨의 얼굴이 점점 일그러지기 시작했다.

"오빠, 왜 그래?"

"으으윽! 물이 안으로 스며드는데?"

"뭐라고?"

"으윽, 찝찝해서 못 참겠어. 집에 가야겠는걸!"

결국 나사치와 한미남 씨는 만난 지 30분 만에 데이트를 끝내야 했다.

집으로 돌아온 나사치 씨는 데이트를 망친 건 모두 '물에 젖지 않는 바지' 때문이라 생각했다. 그래서 그녀는 '물에 젖는 바지'를 '물에 젖지 않는 바지'라 속인 TV 홈쇼핑에 환불을 요구했다. 그러나 TV 홈쇼핑 측에서는 이미 입어 본 옷이라 환불해 줄 수 없다며 나사치 씨의 환불 요구를 거부했다.

그동안 애지중지해 왔던 TV 홈쇼핑의 횡포에 화가 난 나사치 씨는 결국 TV 홈쇼핑을 화학법정에 고소했다.

C6 플루오로케톤이라는 액체는 불소와 탄소, 산소로 구성된 화합물로 언뜻 보기에 물같이 생겼습니다. 원래 불을 끄는 용도로 개발된 C6은 공기보다 무겁고 주변의 열을 빼앗는 성질이 있어 불 근처에 대기만 해도 꺼지게 됩니다.

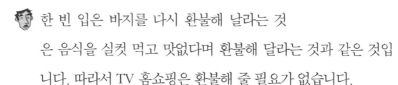

젖지 않는 바지는 왜 물에 젖었을까요?
화학법정에서 알아봅시다.

 판결을 시작하겠습니다. 피고 측 변론하
세요.

한 빈 입은 바지를 다시 환불해 날라는 것
은 음식을 실컷 먹고 맛없다며 환불해 달라는 것과 같은 것입
니다. 따라서 TV 홈쇼핑은 환불해 줄 필요가 없습니다.

원고 측 변론하세요.

나사치 씨가 옷을 산 이유는 '젖지 않는 바지'이기 때문이었습
니다. 그러나 옷은 젖었고 이에 화가 난 나사치 씨는 환불을
요구한 것입니다. 그런데 어떻게 광고에서는 젖지 않았던 옷
이 비를 맞으니 젖었을까요? 신소재 개발 연구소 신개발 박사
를 증인으로 요청합니다.

우주복 같은 의상을 입고 나타난 신개발 박사가 증인
석에 앉았다.

광고 속에서는 젖지 않았던 옷이 실제로는 젖었는데 왜 그런
것일까요?

아마 그것은 물같이 생긴 다른 물질을 이용해 광고했을 것입니다.

다른 물질이라니요? 어떤 물질입니까?

C6 플루오로케톤이라는 액체입니다. 이 액체는 불소와 탄소, 산소로 구성된 화합 물질입니다. 언뜻 보기에 물같이 생겼죠. 편의상 C6이라고 부르겠습니다.

이 액체의 특징은 무엇입니까?

다른 물질과 전혀 반응하지 않는 성질을 가지고 있습니다. 때문에 광고에서처럼 바지가 젖지 않은 효과를 낼 수 있는 것이지요. 실험을 통해 보여 드리겠습니다. 비커 하나에는 물이 있고 다른 하나는 C6이 담겨져 있습니다. 여기에 종이를 넣었다 빼겠습니다.

신개발 박사가 두 비커에 종이를 넣었다 뺐다. 물에 담근 종이는 젖었고 C6에 담근 종이는 젖지 않았다.

C6의 원래 용도는 무엇입니까?

원래는 불을 끄는 용도로 개발되었습니다. C6은 공기보다 무겁고 주변의 열을 빼앗는 성질이 있기 때문에 불 근처에 대기만 해도 꺼집니다.

불을 끄는 용도로 개발된 C6 플루오로케톤은 물같이 투명한

액체입니다. 이 액체는 다른 물질과 전혀 반응하지 않는 성질
이 있어서 어떤 물질을 넣어도 젖지 않습니다. 따라서 홈쇼핑
에서 광고할 때 사용한 것은 물이 아니라 이 액체일 것입니다.

판결합니다. 홈쇼핑에서 광고할 때는 젖지 않았던 바지가 실
제로 물에는 젖었습니다. 이는 물체가 젖지 않는 액체를 마치
물인 것처럼 사용하여 젖지 않는 바지로 보이게 한 것입니다.

따라서 홈쇼핑은 거짓 광고를 한 것이므로 나사치 씨의 환불 요구를 들어 주어야 합니다.

 모세관 현상

모세관 현상이라는 것은 물과 같은 액체가 가는 관을 타고 위로 올라가는 현상이다. 젖은 손이나 물을 닦을 때 사용하는 수건은 수건과 물 사이의 인력이 강해서 잘 흡수하게 되는 것이다. 양초나 알코올램프에서도 심지와의 인력이 강해서 심지에 끌려 올라가게 된다. 비 오는 날 바지가 젖는 것도 일종의 모세관 현상이다.

과학성적 끌어올리기

새옷을 바로 입어도 될까요?

옷을 만들 때는 곰팡이 방지용 약품이나 화학 염색제 같은 것을 사용하는데 새옷에는 그것이 그대로 묻어 있어서 피부병을 일으킬 수도 있어요. 그러니까 빨아서 입는 것이 좋아요. 공장에서 갓 생산된 옷의 경우, 색을 강화하고 곰팡이가 쉽게 슬지 않도록 화학 염색제로 약품 처리를 하게 되죠. 새옷을 샀을 때 맡을 수 있는 기름 냄새는 대부분 이 화학 염색제에서 나는 것이랍니다. 또한 공장에서 출고된 옷이 소비자에게 전달될 때까지 많은 사람의 손을 거치게 되는데, 그 과정에서 눈에 보이지 않는 미세한 먼지와 세균이 묻었을 가능성이 높죠. 그러므로 냄새와 먼지를 제거하고 남아 있는 화학 염색제의 영향을 최소화시키기 위해서 입기 전에 반드시 한 번 정도는 빠는 것이 좋아요.

식용유로 비누를 만들 수 있나요?

식용유나 옥수수기름은 고급 지방산인 글리세린에스텔이며, 비누의 원료인 우지 등과는 지방산의 조성이 다를 뿐이죠. 비누란 고급 지방산인 나트륨염의 총칭이므로 식용유나 옥수수기름도 강알

칼리성의 가성소다(수산화나트륨)로 가수분해하면 글리세린과 비누
가 형성되는 것은 우지와 같아요.

하지만 이 방법으로 비누를 만들자고 주장하는 사람들이 많이 있는데, 그들의 주장대로 환경을 안전하게 지킬 수 있는지는 의심스럽답니다. 왜냐하면 극약인 가성소다(가성이란 인간의 피부를 심하게 손상시킨다는 의미)를 대량으로 사용하고 만들어진 글리세린은 그대로 버리기 때문이죠.

비누를 쓰면 깨끗해지는 이유는?

비누에는 물과 기름에 잘 결합하는 성질이 있어서 칠하고 문지르기만 하면 때가 쏙 빠집니다. 비누의 분자는 성냥개비 같은 모양을 하고 있죠. 비누 분자의 머리 부분은 물과 결합하기 쉬운 성질의 카르복실기로 되어 있으며, 막대 부분은 기름과 결합하기 쉬운 탄화수소로 되어 있어요. 비누가 물에 녹으면 비누 분자의 막대 부분은 때와 결합하고 머리 부분은 물과 결합하면서 때 주위를 에워싸게 되는데, 이 과정을 통해 때는 비누와 함께 물에 섞이게 되죠.

기타 생활에 관한 사건

성냥불 붙이기

성냥갑의 마찰면 없이 성냥에 불을 붙일 수 있을까요?

사건속으로

김유비와 장관우, 그리고 이장비는 어릴 때부터 한 동네에서 자라온 고향 친구들이다. 그들은 올해로 스무 살이 되는데 마침 1월 1일이 김유비의 생일이라 강원도 깊은 산골 별장으로 여행을 떠나기로 했다.

장관우와 이장비는 김유비 몰래 깜짝 파티를 준비하기로 했다. 장관우와 이장비는 김유비만 빼놓고 몰래 장관우의 집에서 만났다. 1월 1일 강원도로 여행을 떠나기 전, 생일 파티를 위한 장을 보기 위해서다.

"풍선! 생일 파티에 풍선이 빠지면 섭섭하지."

장관우가 쇼핑 목록에 풍선을 적어 넣었다.

"야, 무슨 풍선이냐? 한두 살 먹은 어린애도 아니고! 생일엔 뭐니 뭐니 해도 케이크가 빠지면 안 되는 법이여!"

이장비가 장관우의 말에 태클을 걸고 나왔다.

"무슨 소리야? 케이크는 동전의 앞뒷면 아니냐! 생일하면 기본적으로 따라 나오는 게 케이크지. 난 기본적인 것 외에 추가적인 걸 말하고 있는 거라고."

이장비의 말에 장관우가 씩씩거리며 말했다.

"이러니까 네가 꼴등을 못 면하지. 일단 기본이 된 뒤에 추가적인 것들을 챙겨야 되는 거야. 알겠냐?"

결국 둘은 김유비의 깜짝 생일 파티를 위해 모였다가 서로 인신공격만 하는 꼴이 되고 말았다.

장관우와 이장비는 20년 지기 친구라고 하지만, 사실 만나기만 하면 다투는 고양이와 개 같은 관계였다. 어릴 때부터 그렇게 치고 박고 싸웠는데 아직까지 절교하지 않고 지내는 게 용할 정도이다.

그들이 그렇게 싸우면서도 헤어지지 않고 친구로 남을 수 있었던 건, 어쩌면 다 김유비 덕분이었다. 김유비는 리더십이 강하고 누구와도 화합을 잘했다. 때문에 장관우와 이장비가 믿고 따를 수 있었고, 장관우과 이장비가 다툴 때면 항상 김유비가 나서서 중재하곤 했다.

그런데 지금, 김유비가 없는 장관우와 이장비의 만남은 점점 극으로 치닫고 있었다.

"뭐라고? 그러는 너는 얼마나 공부 잘했냐? 쳇, 지는 매번 내 앞이었으면서! 너도 꼴등이나 다름없어, 인마! 50등이나 49등이나 그게 그거지."

장관우가 발끈하며 자리에서 일어났다.

"50등과 49등은 하늘과 땅 차이야. 으! 관우 너랑 대화하고 있는 내가 바보지. 나도 모르겠다. 풍선을 사 오든지 물 풍선을 사 오든지 네가 알아서 해. 난 케이크나 하나 사갈 테니까!"

결국 장관우와 이장비는 깜짝 생일 파티를 위한 준비를 마무리 짓지 못한 채 헤어져 버렸다.

장관우의 집에서 나온 이장비는 집으로 돌아오는 길에 김깜빡 씨의 빵집에 들렀다.

"어서 옵쇼!"

김깜빡 씨가 밀가루 만지던 손을 털고 나왔다.

김깜빡 씨의 빵집은 이장비의 동네에서 빵 맛이 좋기로 유명했다. 김깜빡 씨는 빵의 반죽에서부터 숙성, 그리고 굽는 것까지 모두 자신의 손으로 해 냈다. 아무리 반죽이 힘들어도 기계의 도움을 받는 일이 없었다. 또 다른 아르바이트생이나 주방 보조 일꾼을 쓰지도 않았다. 그는 그만의 노하우로 부드럽고 맛있는 빵들을 만들어 내고 있었다.

"안녕하세요? 생일 케이크를 하나 사려고 하는데요."

이장비가 빵집 안으로 들어서며 말했다.

"생일 케이크요? 케이크는 이쪽에 있습니다."

김깜빡 씨는 케이크가 진열되어 있는 쪽으로 안내했다. 그곳에는
쳐다만 봐도 군침이 도는 케이크들이 한가득 전시되어 있었다. 이
장비는 케이크를 하나하나 살펴보며 어떤 케이크를 살지 고민하기
시작했다.

"음, 저건 무슨 맛이에요?"

이장비가 케이크 하나를 손으로 가리키며 물었다.

"아, 녹차 시폰 케이크요? 녹차 맛이에요."

김깜빡 씨의 대답은 간단명료했다.

"그러면 저건요?"

"그건 고구마 케이크예요. 고구마 맛이죠."

이장비는 아직도 마음의 결정을 내리지 못한 눈치였다. 그런 이
장비를 보다 못한 김깜빡 씨가 케이크 하나를 추천하고 나섰다.

"그러면 이건 어때요? 초코 크림 케이크. 요즘 들어 이 케이크가
아주 잘 나가고 있어요."

"그래요?"

이장비는 김깜빡 씨가 추천하는 케이크를 유심히 살펴보았다. 케
이크는 새카만 빵 위에 하얀 설탕가루가 뿌려진 모양이었다. 그리
고 케이크 사이사이에 초콜릿이 박혀 있었다. 이장비는 이 근사하

고 먹음직스러워 보이는 케이크를 보고 군침을 '꼴깍' 삼켰다.

'유비가 좋아할 것 같군!'

이장비는 속으로 생각했다.

"아저씨, 이 케이크로 포장해 주세요."

이장비는 김깜빡 씨가 추천한 케이크로 결정했다.

다음 날, 김유비와 장관우, 이장비는 약속한 기차역에서 만났다.

그들은 기차를 타고 강원도역으로 향했다.

"야, 너희들 설마 또 싸웠냐?"

만날 때부터 심상치 않은 기류를 흘리는 장관우와 이장비를 보고

김유비가 물었다.

"싸, 싸우기는 무슨!"

"아니야!"

장관우와 이장비는 서로 어색한 웃음을 지으며 손을 내저었다.

그러나 김유비는 둘 사이에 냉기가 흐르고 있음을 이미 눈치 채고

있었다.

"니들! 내가 또 싸우면 너희 둘 모두랑 절교하겠다고 했지?"

김유비가 진지하게 목소리를 깔고 말했다.

"유비야, 우리 진짜 안 싸웠어. 하하! 진짜 친해. 그치? 관우야

아~!"

이장비가 장관우를 사랑스럽다는 눈빛으로 노려보며 말했다.

"으~응? 그, 그럼! 내가 우리 장비를 얼마나 사랑하는데!"

그러나 입으로 사랑을 외치는 장관우의 얼굴엔 떨떠름한 표정이 그대로 드러나고 있었다.

"그래? 그럼 믿어 줄게. 와! 벌써 다 왔나 보다."

김유비가 창밖을 내다보며 말했다.

차창 밖에는 '강원도역'이라는 표지판이 보이고, 기차의 속력은 점점 줄어들고 있었다. 기차에서 내린 그들은 2시간이나 더 버스를 타고 산으로 들어갔다. 최대한 싼값에 별장을 빌리려다 보니, 사람도 가게도 없는 귀곡 산장 같은 별장을 빌리게 되었다. 그런데 별장에 도착하고 보니 그곳은 생각보다 넓고 깨끗했다.

장관우와 이장비는 김유비를 남겨 두고 잽싸게 방으로 들어가 깜짝 생일 파티 준비를 하기 시작했다. 장관우가 100개의 풍선을 부는 동안 이장비는 케이크와 음식들을 보기 좋게 놓았다. 100개의 풍선을 불고 난 장관우는 머리가 핑 도는 것을 느끼며 주저앉았다.

"헉헉! 장비야, 다 됐냐?"

"어, 이제 초에 불만 붙이면 돼."

이장비는 케이크가 들어 있던 통을 들고 성냥을 찾기 시작했다. 통을 뒤집어 흔들자 성냥 두 개가 떨어졌다. 이장비는 바닥에 떨어진 성냥을 집어 들고 성냥갑을 찾기 시작했다. 성냥에 불을 붙이려면 성냥갑에 성냥을 그어야 했기 때문이다. 그런데 어찌된 일인지 아무리 통을 흔들어도 성냥갑은 나올 생각을 하지 않았다.

"뭐야, 아직도 멀었어?"

바닥에 주저앉은 장관우가 이장비를 올려다보며 물었다.

"에고, 아저씨가 성냥만 넣어주고 성냥갑은 안 넣었네."

"뭐? 그럼 어떡해?"

"잠깐만, 가스불에 불붙여 올게."

이장비는 살금살금 부엌으로 걸어갔다. 그런데 가스레인지의 손잡이를 아무리 돌려도 불이 올라오지 않았다. 가스레인지가 고장난 것이다.

결국 깊은 산골 별장에서 촛불 없는 삭막한 생일 파티가 열렸다.

"네가 하는 일이 다 그렇지 뭐!"

생일 파티가 끝나고 장관우가 이장비에게 투덜거렸다. 그러나 성냥갑을 챙겨 오지 않은 이장비는 장관우에게 어떤 말대꾸도 할 수 없었다.

집으로 돌아온 이장비는 이날의 굴욕은 모두 김깜빡 씨가 성냥갑을 챙겨 주지 않아 생긴 일이라며 김깜빡 씨를 화학법정에 고소했다.

마찰력은 한 물체가 다른 물체의 면에서 움직일 때 그 움직임을
방해하려는 힘입니다. 보통 표면이 거칠수록 마찰력이 높아지고
마찰력이 높을수록 열이 더 잘 발생합니다. 우리 주변에서
쉽게 찾을 수 있는 지폐는 마찰력이 높은 물질입니다.

성냥갑 외에 성냥에 불을 붙일 수 있는
방법이 있을까요?
화학법정에서 알아봅시다.

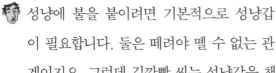

 원고 측 변론하세요.

성냥에 불을 붙이려면 기본적으로 성냥갑
이 필요합니다. 둘은 떼려야 뗄 수 없는 관
계이지요. 그런데 김깜빡 씨는 성냥갑을 챙겨 주지 않았고 결
과적으로 친구들이 준비한 깜짝 파티를 망치게 되었습니다.

피고 측 변론하세요.

성냥에 불을 붙이려면 성냥갑이 필요한 것은 사실입니다. 그
러나 성냥갑을 대신할 다른 것은 없을까요? 성냥 개발 연구가
부러져 씨를 증인으로 요청합니다.

온몸이 아주 말라 부러질 것 같은 부러져 씨가 증인석에
앉았다.

성냥에 불이 잘 붙는 이유는 무엇일까요?

성냥의 재료인 '인' 이라는 물질 때문입니다. 인은 낮은 온도에
서도 불이 잘 붙습니다.

성냥을 성냥갑에 그으면 불이 붙는 이유가 무엇일까요?

성냥갑 표면에 성냥을 그을 때 마찰력으로 생긴 열 때문에 성냥불이 붙는 것입니다.

마찰력이 무엇이지요?

한 물체가 다른 물체의 면에서 움직일 때 그 움직임을 방해하려는 힘입니다. 보통 표면이 거칠거칠할수록 마찰력이 높아집니다. 또, 마찰력이 높을수록 열이 더 잘 발생합니다.

성냥갑이 없을 때 어떤 방법으로 불을 붙일 수 있을까요?

마찰력이 높은 물건에 긋는 방법이 있습니다. 다시 말해 표면이 거칠거칠한 물체에 성냥을 그으면 불이 붙습니다.

우리 주위에서 쉽게 찾을 수 있는 물건이 없을까요?

지폐를 이용하면 됩니다.

지폐는 매끈한 것 같은데 불이 붙을까요?

불이 잘 붙습니다. 자, 보십시오.

부러져 씨가 성냥을 지폐에 긋자 성냥에 불이 붙었다.

언뜻 보기에 지폐는 매끈한 것 같지만 사실 매우 거칠거칠하여 마찰력이 높습니다.

왜 마찰력이 높지요?

지폐를 만들 때 잉크가 종이 속으로 스며드는 것이 아니라 종이 위에 남아 있어 지폐 표면이 거칠거칠해지는 것입니다.

성냥은 마찰로 인한 열 때문에 불이 붙습니다. 보통 성냥갑을 많이 사용하는데 마찰력이 높은 지폐도 성냥에 불붙이기 좋습니다.

 두 물체에 마찰이 일어날 때 열이 발생하는데 이때 물체 표면이 거칠거칠할수록 마찰력이 높아져서 열이 더 많이 발생하게 됩니다. 성냥은 이 마찰열에 의해 불이 붙는데 지폐는 마찰력이 높으므로 성냥을 불붙이기에 충분합니다. 그러나 기본적으로 성냥을 넣어 줄 때 성냥갑을 같이 넣어 주어야 하므로 김깜빡 씨에게도 이번 사건의 책임이 있고 성냥갑을 챙겨 주었는지 확인하지 않은 이장비 씨에게도 책임이 있습니다.

 인

인은 1669년 독일의 H. 브란트가 은을 금으로 바꾸는 액체를 만들려고 공기를 차단하고 오줌을 가열했을 때 발견했다. 그는 이 제조법을 비밀로 했으나, 그 물질 자체가 발하는 차갑고 사라지지 않는 빛이 사람들의 주의를 끌게 되어 여러 가지로 연구되었다. 그 후 1680년 영국의 R. 보일에 의해서 오줌에서 같은 물질이 석출되어 원소로서의 인이 확인되었다. 그때까지 어두운 곳에서 빛을 발하는 것은 모두 Phosphorus라고 불렀는데(그리스어로 phos는 빛, phorus는 운반자라는 뜻), 그 후 이것이 인의 명칭이 되었다.

귤껍질 손난로

굴껍질로 화재 위험성이 없는 손난로를 만들 수 있을까요?

사건속으로

추운 겨울날, 왕약골 씨가 손난로를 흔들며 길을 걸어가고 있었다.

"으으으, 추워. 대한이가 소한이집에 놀러 갔다 가 얼어 죽었다더니 정말 춥군!"

그날은 특히나 겨울 중에도 가장 춥기로 소문난 소한이었다. 왕 약골 씨는 빨리 따뜻한 건물 안으로 들어가기 위해 발걸음을 재촉 했다. 왕약골 씨는 자신의 옷을 강하게 여미며 손난로를 세게 흔들 어 댔다. 그런데 손난로를 너무 세게 흔들었는지, 그만 손난로 봉지 가 뜯어지고 말았다.

"흐아악, 뭐야!"

왕약골 씨는 화들짝 놀라며 손난로를 집어던졌다. 손난로에 불이 붙은 것이다. 손에 화상을 입을 뻔한 왕약골 씨는 손난로를 제조한 회사를 고소하기로 마음먹었다.

왕약골 씨는 우선 바닥에서 활활 타고 있는 손난로를 발로 밟아 불부터 껐다. 손난로를 그대로 두었다간 그 불이 다른 곳에 옮겨 붙어 더 큰 화재를 부를지도 모르기 때문이다. 그런데 그때 타다만 손난로에 아주 작게 적힌 주의사항이 왕약골 씨의 눈에 들어왔다.

경고!
손난로를 뜯지 말 것.
손난로를 너무 세게 흔들어 터뜨리지 말 것.
손난로 속의 철가루가 공기 중의 산소와 급격한 산화 반응을
하여 화재가 날 수 있음.

"뭐야? 이거! 주의 사항을 읽으라고 적어 놓은 거야, 폼으로 적어 놓은 거야?"

왕약골 씨는 쓸모없게 된 손난로를 주워 들며 중얼거렸다. 왕약골 씨는 조금 억울하긴 하지만 자신이 주의 사항을 잘 살펴보지 않은 잘못도 있다고 생각하고, 손난로 회사를 고소하기로 한 일을 없었던 일로 했다.

집으로 돌아온 왕약골 씨는 오늘 손난로 사건을 기억해 내며 고민에 빠졌다.

"손난로가 그렇게 위험한 물건인지 미처 몰랐군. 아무리 주의 사항에 손난로를 터뜨리면 안 된다지만, 나처럼 자기도 모르게 터뜨리는 상황이 있을 수 있지 않은가? 이 손난로를 이대로 두었다간 언젠가 큰 사고가 일어나고 말 거야."

왕약골 씨는 책상 앞에 앉아 이 일을 어떻게 해야 할지 생각해 보았다. 왕약골 씨는 몸이 워낙 약골이라 다른 사람들에 비해 추위를 많이 탔다. 그런 왕약골 씨에게 손난로 없는 겨울은 상상조차 할 수 없는 일이었다. 그렇다고 손난로를 들고 다니자니, 언제 또 오늘 같은 사고가 일어날지 모르고. 생각 끝에 왕약골 씨는 스스로 안전한 손난로를 개발하기로 결심했다.

그날 이후, 왕약골 씨는 안전한 손난로 개발에 심혈을 기울였다. 그는 밤낮없이 연구하고 또 연구하고 연구했다. 그러나 안전한 손난로를 개발하는 일은 그리 쉽지 않았다. 왕약골 씨의 연구는 더 이상 진전이 없는 듯 보였다.

"귤 사세요, 귤! 싱싱한 귤입니다."

몇 시간째 머리만 쥐어뜯고 있는 왕약골 씨의 방에 귤 장사의 목소리가 들려왔다. 안 그래도 머리가 안 돌아가 죽겠는데 귤 장사까지 시끄럽게 떠들어 대니 더 이상 연구에 몰두할 수가 없었다. 참다못한 왕약골 씨는 귤 장사를 잡아먹을 듯한 기세로 문을 박차고 나갔다.

"이보세요, 귤 아저씨!"

왕약골 씨가 미간에 인상을 잔뜩 찌푸리고 귤 장사를 불렀다.

"네?"

"귤 한 봉지 주세요."

왕약골 씨는 결국 귤 한 봉지를 사 들고 다시 방으로 들어왔다. 그는 모든 연구를 뒷전으로 미뤄 놓은 채 하루 종일 귤만 까먹었다. 책상에는 왕약골 씨가 까먹은 귤껍질이 수북이 쌓여 갔다.

"꺼억, 배부르다. 귤로 배를 다 채웠군."

왕약골 씨는 산만하게 부풀어 오른 자신의 배를 두드리며 중얼거렸다. 그러던 왕약골 씨의 눈에 책상 위의 귤껍질들이 들어왔다. 그는 갑자기 죄 없는 귤껍질들을 노려보기 시작했다. 그러기를 몇 십 분. 왕약골 씨는 갑자기 자리를 박차고 일어서며 소리쳤다.

"그래, 바로 그거야!"

그때부터 왕약골 씨의 연구에 다시 활력이 붙기 시작했다. 그는 다시 밤낮으로 연구에 매진하며 안전한 손난로 만들기에 자신의 모든 열정을 쏟았다.

일주일 뒤, 네안데르탈인의 모습을 한 왕약골 씨가 자신의 방에서 기어 나왔다. 그의 손에는 그가 개발한 손난로로 보이는 물건이 들려 있었다.

"야~호~!"

 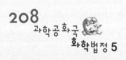

안전한 손난로 개발에 자신의 기력을 모두 소모한 왕약골 씨는 힘없이 '야호'를 외치고 그 자리에 '픽' 쓰러져 버렸다.

다음 날 〈긴급일보〉에는 왕약골 씨가 개발한 안전한 손난로에 관한 기사가 실렸다.

안전한 손난로 화제!

청년 실업자 왕약골 씨가 귤껍질로 안전한 손난로를 개발해 화제가 되고 있습니다. 이전에 철가루를 이용한 손난로는 손난로가 터질 경우, 그 속의 철가루가 공기 중의 산소와 급격한 산화 반응을 하여 화재의 위험이 있었습니다. 그러나 왕약골 씨가 개발한 귤껍질로 만든 손난로는 귤껍질로 만들었기 때문에 손난로가 뜯어진다 해도 전혀 위험하지 않다고 합니다. 이 소식을 전해들은 청년 실업자들은 왕약골 씨를 보고 희망을 얻었으며 손난로를 애용하는 소비자들은 환호하고 있습니다.

그러나 이 소식을 전해들은 김철 씨는 신문을 구겨 쓰레기통 속에 집어넣어 버렸다.

"말도 안 되는 소리!"

김철 씨는 철가루 손난로 회사의 사장이었다. 그가 만든 손난로가 바로 몇 달 전 왕약골 씨의 손에서 탄 그 손난로였다.

김철 씨의 상식으로는 세상에 안전한 손난로가 존재할 수 없었다. 왜냐하면 손난로를 만들기 위해서는 손난로 주머니 속에 철가루를 넣어야만 하는데, 철가루는 반드시 화재의 위험을 소지하고 있기 때문이다. 결코 세상에 존재할 수 없는 안전한 손난로를 귤껍질로 만들었다니 김철 씨는 어처구니가 없었다.

"귤껍질로 어떻게 손난로를 만들어?"

김철 씨는 콧방귀를 뀌며 왕약골 씨의 귤껍질 손난로를 무시해 버렸다.

그런데 왕약골 씨의 귤껍질 손난로 소식이 전해진 이후로 김철 씨의 철가루 손난로가 판매 부진에서 벗어나지 못했다. 사람들이 안전한 귤껍질 손난로를 사기 위해 귤껍질 손난로 출시 날만을 기다리며 철가루 손난로를 구입하지 않았기 때문이다.

김철 씨는 예상 밖의 시장 반응에 깜짝 놀랐다. 소비자들이 이렇게 쉽게 자신의 철가루 손난로를 버릴 줄 몰랐기 때문이다. 자신의 회사에서 발만 동동 구르고 있는 김철 씨의 사무실에 전화벨이 울렸다.

'따르릉~ 따르릉!'

"네, 철가루 손난로 회사입니다."

"김 사장님, 접니다."

"아! 박 사장님, 무슨 일이십니까?"

"다른 게 아니라 오늘부터 저희 가게에서는 철가루 손난로를 받지 않겠습니다. 사람들이 사지 않아서 창고에 물건이 쌓이고 있거든요. 그리고 창고에 쌓인 물건들은 모두 반품 처리해 주십시오."

"네? 박 사장님!"

'뚜뚜뚜!'

전화는 이미 끊어진 상태였다. 잠시 후 이와 같은 전화가 계속해서 김철 씨에게 걸려오기 시작했다. 참다못한 김철 씨는 왕약골 씨에게 전화를 걸었다.

"왕약골 씨! 당장 귤껍질 손난로 생산을 중단하시오."

"아니, 왜요?"

"당신이 소비자들을 우롱하고 있다는 사실을 내가 모를 줄 아시오?"

"우롱하다니요? 귤껍질 손난로는 정말 안전합니다."

"끝까지 우길 셈이오? 그럼 할 수 없지! 당신을 사기죄로 화학법정에 고소하겠소!"

"아니, 누가 할 소리! 당신이 만든 철가루 손난로 때문에 내가 화상 입을 뻔했는데! 참고 넘어가려 했더니 안 되겠구먼! 그래, 어디 한번 싸워 봅시다!"

이렇게 해서 철가루 손난로 회사 사장 김철 씨와 귤껍질 손난로를 개발한 왕약골 씨가 화학법정에서 불꽃 튀는 맞대결을 벌이게 되었다.

귤껍질을 전자레인지에 넣어 온도를 높이면 귤껍질 속의
수분에 열이 가해집니다. 이때 귤껍질의 수분을 감싸고 있는
고분자 섬유소들에 의해 수분 속의 열은 밖으로 나갈 수 없습니다.
이 성질을 이용한 것이 바로 귤껍질 손난로인 것이지요.

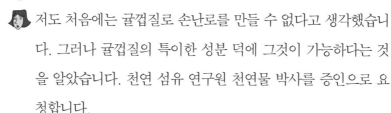

귤껍질로 난로를 만들 수 있을까요?
화학법정에서 알아봅시다.

 판결을 시작하겠습니다. 원고 측 변론하
세요.

 보통 손난로는 화학 물질로 만듭니다. 그런
데 우리가 먹고 남은 귤껍질로 손난로를 만든다니 상식적으로
전혀 이해할 수 없어요. 가열을 하다가 오히려 태우는 거 아니
에요? 아니면 분명 귤껍질처럼 생긴 포장지에 화학 물질을 채
운 것일 겁니다.

 피고 측 변론하세요.

 저도 처음에는 귤껍질로 손난로를 만들 수 없다고 생각했습니
다. 그러나 귤껍질의 특이한 성분 덕에 그것이 가능하다는 것
을 알았습니다. 천연 섬유 연구원 천연물 박사를 증인으로 요
청합니다.

넝쿨처럼 엉클어진 머리 모양을 한 천연물 박사가 증
인석에 앉았다.

 하시는 일에 대해 설명해 주세요.

자연 속에는 다양한 천연 섬유들이 있습니다. 이런 섬유들을 연구하고 응용하여 천연 섬유 제품을 개발하는 일을 하고 있습니다.

귤껍질에는 어떤 성분들이 있을까요?

셀룰로오스, 세미셀룰로오스, 펩틴이 있습니다.

이름이 어렵군요. 그것들은 무엇이죠?

다양한 많은 분자들로 이루어진 섬유소들입니다. 이를 고분자 섬유소라고 하지요.

귤껍질을 전자레인지에 가열하면 어떻게 될까요?

전자파가 귤껍질 속의 물을 가열시켜 귤껍질이 뜨거워질 것입니다. 그러나 가열한 뒤 귤껍질은 잘 식지 않을 겁니다.

왜 그럴까요?

귤껍질을 감싸고 있는 고분자 섬유소 때문입니다.

고분자 섬유소와 어떤 관계가 있는 것이죠?

귤껍질 속의 수분을 가열했을 때 고분자 섬유소들이 감싸고 있어 수분 속 열을 밖으로 잘 빼앗기지 않을 것이고 결과적으로 귤껍질 속 수분의 온도는 천천히 식습니다.

그 외에 귤껍질의 특이한 성질이 있을까요?

귤에는 '테르펜'이라는 성분이 있습니다. 이 성분은 플라스틱, 고무 등을 녹이며 불에 잘 타는 성질이 있습니다.

귤껍질 속에는 여러 고분자 섬유소들이 있습니다. 이 섬유소들은 껍질을 감싸고 있어 만약 껍질 속 수분을 가열했을 때 수분의 온도가 잘 떨어지지 않게 합니다.

판결합니다. 귤껍질을 전자레인지로 가열했을 때 귤껍질 속 수분의 온도가 올라갑니다. 그러나 고분자 섬유소들이 껍질을 감싸고 있기 때문에 수분의 온도가 잘 떨어지지 않습니다. 따라서 손난로로 써도 손색이 없습니다.

 귤껍질의 성분

귤껍질에서 침출된 리모넨이란 정유 성분은 피부를 아름답게 해 주는 작용이 크다. 이 성분은 피부 표면의 수분 증발을 막아 주는 엷은 막을 만들어 윤기와 보습 시간을 오래 유지시켜 준다. 또한, 근육이 굳어서 생기는 뻐근한 통증이나 동상, 습진, 가려움증, 아토피성 피부염 등의 피부 질환에도 효과가 있다. 이 밖에도 칼슘 생성에 중요한 역할을 하는 비타민 C가 들어 있다.

만화책이 쭈글쭈글해졌잖아요?

물에 젖어 쭈글쭈글해진 만화책을 펼 수 있을까요?

사건속으로

대학 졸업 후 몇 년째 직장을 찾지 못하고 있는 이백수 씨는 그날도 자기 방에 틀어박혀 만화책만 읽고 있었다. 요즘 이백수 씨가 즐겨 보는 만화책은 《청년 실업 60만》이란 제목의 만화책인데 주인공의

처지와 자신의 처지가 아주 닮아 있어 이백수 씨의 마음에 더욱 와 닿는 이야기였다.

스토리 구조는 만화책의 주인공인 김직장 씨가 기업에 취직하기 위해 계속해서 면접을 보는 형식이다. 이번에 주인공은 105번째 면접을 보러 간다. 이백수 씨는 자신이 만화책의 주인공인 양 긴장되는 마음으로 한 장 한 장 만화책을 넘기기 시작했다.

"백수야, 밥 먹어라."

그때 부엌에서 이백수 씨를 부르는 어머니의 목소리가 들려왔다. 이백수 씨의 어머니는 대학 졸업까지 한 다 큰 아들이 하루 종일 방 안에 틀어박혀 만화책만 읽고 있으니 여간 속상한 것이 아니었다. 이백수 씨의 어머니는 아무리 불러도 대답이 없자, 직접 이백수 씨의 방으로 쳐들어갔다.

"야, 이놈아!"

아니나 다를까, 이백수 씨는 팔자 좋게 침대에 누워 낄낄대고 있었다. 손에는 만화책을 든 채 말이다. 그것을 본 어머니는 순간 머리 뚜껑이 열리는 기분이었다. 그녀는 이백수 씨의 등 뒤로 가 이백수 씨의 등짝을 후려쳤다.

"아이고, 옆집 한성실이는 대기업에 취직해서 돈도 잘 번다더니만, 너는 왜 이 모양 이 꼴이냐!"

어머니는 어릴 때부터 이백수 씨와 함께 커 온 동갑내기 친구 한성실 씨와 이백수 씨를 비교하기 시작했다. 이백수 씨는 늘상 있는 일인 듯 어머니의 말을 한 귀로 듣고 한 귀로 흘려 버렸다. 하긴, 제할 일을 못하는 이백수 씨가 무슨 할 말이 있겠는가.

어머니의 길고 지루한 잔소리가 끝나서야 모자는 식탁에 마주 앉았다. 이백수 씨는 식탁 앞까지 만화책을 들고 가 어머니 몰래 힐끔힐끔 쳐다봤다.

"백수야, 저번 주에 면접 본 회사는 어떻게 됐냐?"

어머니는 숟가락으로 밥을 떠 입 안에 집어넣으며 물었다.

얼마 전 이백수 씨는 (주)한국이란 회사의 서류 전형에 합격해 지난 주 그 회사의 면접을 보았다. 지금 어머니는 그 결과가 궁금한 것이다. 내일이 되면 말해 주겠지, 내일은 말해 주겠지 하면서 이백수 씨가 말해 주기만을 기다렸는데 일주일씩이나 지나도 아무런 말이 없으니 어머니는 답답한 노릇이었다.

그러나 이백수 씨는 어머니의 물음에 아무런 대답이 없었다. 이상한 느낌에 이백수 씨를 쳐다본 어머니는 이백수 씨의 무릎 위에 놓여 있는 만화책을 발견했다.

"아이고, 이놈의 자식아!"

어머니는 팔을 쭉 뻗어 반대편에 앉아 있는 이백수 씨에게 꿀밤을 먹였다. 눈앞에 별이 번쩍이는 것을 느낀 이백수 씨가 깜짝 놀라며 고개를 들었다. 이백수 씨의 눈앞에서 어머니가 한심하다는 표정으로 혀를 차고 계셨다.

"어머니, 왜 다 큰 아들 머리를 때리고 그러세요?"

"네가 지금 안 맞게 생겼냐?"

"그래도 그렇죠."

이백수 씨는 꿀밤 맞은 자리를 문지르며 투덜댔다.

"저번에 면접 본 회사는 어떻게 됐냐니까?"

어머니는 다시 한 번 면접 결과를 물었다. 이백수 씨는 대답을 망

설이더니 어렵게 말문을 열었다.

"또 꽝이죠, 뭐."

그 말을 들은 어머니는 한숨을 푹 내쉬었다.

"에휴! 밥이나 먹어라."

이백수 씨는 싸늘한 식탁 위에서 모래알을 씹어 넘기는 기분으로 밥을 삼켰다. 실망한 어머니의 얼굴을 보니 만화책도 눈에 들어오지 않았다. 어머니와 이백수 씨는 아무런 말없이 밥알만 들이키고 있었다.

만화책의 주인공인 김직장 씨는 면접 대기실에서 자신의 차례를 기다리고 있었다. 김직장 씨는 벌써 몇 분째 그 페이지에 머무르며 이백수 씨가 책장을 넘기기만 기다리고 있었다. 김치를 집어 들던 이백수 씨의 머릿속에 그런 김직장 씨의 상황이 떠올랐다. 이백수 씨는 다시 어머니의 눈치를 살피고, 만화책이 놓여 있는 무릎으로 시선을 옮겼다. 그는 물을 마실 것처럼 컵을 집어 들어 어머니의 시선을 분산시켰다. 작전은 성공적인 것처럼 보였다. 어머니는 계속해서 밥만 드시고 계셨다.

물컵을 든 채 만화책을 훔쳐보던 이백수 씨는 김직장 씨의 상황에 점점 빠져들기 시작했다. 면접장으로 들어간 김직장 씨는 면접관으로부터 곤란한 질문을 받았다.

"김직장 씨는 어머니와 사랑하는 여자 친구가 물에 빠진다면 누구부터 구하시겠습니까? 또 그렇게 하신다면 그 이유가 무엇인지 구체적으로 대답해 주십시오."

만화책 속의 김직장 씨는 대답하지 못하고 우물쭈물했다.

'김직장, 뭐하는 거야? 빨리 대답해! 또 떨어지고 싶어? 나 같으면 여자 친구를 구하겠다. 난 무서운 이미니보단 예쁜 여자 친구가 좋거든.'

철없는 이백수 씨는 황당한 이유로 여자 친구를 구하겠다고 생각했다. 그때였다.

"야, 이놈아!"

어머니께서 이백수 씨의 생각을 읽으신 걸까? 어머니께서 식탁을 탁 치시며 고함을 지르셨다. 깜짝 놀란 이백수 씨가 손에 들고 있던 물컵을 놓쳐 버렸다. 이백수 씨의 손에 들려 있던 물컵은 만화책이 놓여 있던 이백수 씨의 무릎 위에 물을 다 쏟은 뒤 바닥으로 떨어졌다.

"악! 어머니, 왜 고함을 지르고 그러세요?"

이백수 씨는 물에 젖은 만화책을 들고 일어서며 펄쩍 뛰었다.

"뭐야? 이백수, 넌 앞으로 일주일 동안 밥 없는 줄 알아!"

단단히 화가 나신 어머니는 당장 식탁 위의 음식들을 치워 버렸다. 이백수 씨는 들고 있던 수저를 내려놓고 자기 방으로 들어갔다.

"으휴, 왜 이렇게 일이 꼬이냐!"

이백수 씨는 흠뻑 젖은 만화책을 쳐다보며 자신의 머리를 쥐어뜯었다. 그는 서랍 속에서 드라이어를 찾았다. 이백수 씨는 오랫동안 방 안에서만 뒹굴다 보니 드라이어 쓸 일이 없었다. 드라이어는 서랍 깊숙한 곳에 숨어 있었다. 그는 드라이어의 코드를 콘센트에 꼽고 만화책을 말리기 시작했다.

몇 분 동안 만화책에 뜨거운 드라이어 바람을 쐬어 주었더니 만화책은 금세 말랐다.

"휴, 다 말랐네. 근데 뭐가 이렇게 쭈글쭈글해?"

이백수 씨는 다 말린 만화책을 들어 올려 보았다. 어찌된 일인지 다 마른 만화책은 쭈글쭈글 보기 흉한 상태였다. 이백수 씨는 만화책의 책장을 한 장 한 장 넘겼다. 종이가 쭈글쭈글해져서 그렇지 대충 만화의 글자는 읽을 수 있을 것 같았다.

그날 저녁, 《청년 실업 60만》 만화책을 다 읽은 이백수 씨는 만화책을 들고 만화책 대여점으로 향했다. 읽던 만화책을 반납하고 다음 편을 빌리기 위해서였다. 이백수 씨가 만화책 대여점으로 들어서자 대여점의 사장 김대여 씨가 이백수 씨를 반겼다.

"어서 오세요, 백수 씨!"

"예, 하하!"

이백수 씨는 어색한 웃음을 지어 보였다.

"김 사장님, 그런데 이거 어쩌지요? 만화책이 물에 젖어서 드라이어로 말렸더니…… 다 마르긴 했네요."

이백수 씨는 쭈글쭈글해진 만화책을 김대여 씨 앞으로 내밀었다.

'설마 만화책 값을 물으라고 하겠어?'

그런데 만화책을 받아 든 김대여 씨의 인상은 험상궂게 구겨졌다.

"아니, 이게 뭡니까!"

"김 사장님, 제가 드라이어로 잘 말려서 만화책을 보는데 지장은 없어요."

"이백수 씨, 지금 장난하십니까? 이 만화책은 이백수 씨만 빌려 보는 만화책이 아니라고요. 생각해 보세요. 다른 고객 분들도 같은 가격이면 깨끗한 책을 보고 싶지 않겠어요? 지금 당장 만화책 값을 변상하세요."

김대여 씨는 끝까지 만화책 값을 받아 내고 말 기세였다. 그러나 직장도 없는 이백수 씨에게 만화책 값을 변상할 돈이 있을 리 만무하다. 그렇다고 어머니께 손 벌리자니 식탁 앞에서의 사건도 있고 해서 그럴 수도 없었다.

결국 만화책 대여점의 김대여 씨는 만화책 값을 변상하지 않은 이백수 씨를 화학법정에 고소해 버렸다.

물에 젖은 책을 펴는 방법은 최대한 물을 털어 내고
책을 덮은 뒤 마른 수건으로 조심스럽게 눌러 준 뒤
하루 정도 냉동실에 넣어 두면 됩니다. 물이 얼면 물 분자가
팽창하여 종이의 섬유질의 틈을 늘려 주기 때문입니다.

물에 젖은 책은 왜 쭈글쭈글할까요?
화학법정에서 알아봅시다.

판결을 시작하겠습니다. 원고 측 변론하
세요.

물에 젖은 종이가 마르면 쭈글쭈글해집니
다. 물에 젖은 종이를 드라이어로 말리든 전자레인지에 돌리
든 다리미로 밀든 다 똑같습니다. 결론은 쭈글쭈글해진 종이
는 다시 원상 복귀시킬 수 없습니다. 그리고 쭈글쭈글해진 종
이로 된 책을 누가 읽고 싶겠습니까? 따라서 이백수 씨는 책
값을 변상해야 합니다.

피고 측 변론하세요.

종이 제작 전문가 창호지 씨를 증인으로 요청합니다.

종이로 만든 옷을 입은 창호지 씨가 옷이 찢어지지 않
게 조심스럽게 증인석에 앉았다.

종이는 무엇으로 만드나요?

아주 간단히 얘기하자면 식물에 있는 섬유를 원료로 만듭니
다. 보통 나무의 섬유를 사용하죠. 종이를 만들 때 식물성 섬

유에 풀과 젤라틴이라는 성분을 섞어 넣습니다.

종이가 물에 젖으면 주름이 지는 이유가 무엇일까요?

크게 두 가지가 있습니다. 하나는 풀과 젤라틴 때문이고 또 하나는 섬유질 때문입니다.

자세하게 설명해 주세요.

풀과 젤라틴은 종이 섬유질 사이사이에 껴서 일정한 공간을 차지합니다. 그러나 물에 젖으면 이 물에 풀과 젤라틴이 녹으면서 공간이 비고 섬유질의 배열이 좁아지면서 종이의 부피가 줄어드는 것이죠. 또 하나는 종이 섬유질의 층층이 쌓인 수소 분자 층이 물에 의해 깨져 간격이 줄어들면서 종이 부피가 줄어드는 것입니다.

주름진 종이를 펼 수 있는 방법이 없을까요?

종이에서 최대한 물을 털어 내고 마른 수건으로 조심스럽게 눌러 줍니다. 그리고 하루 정도 냉동실에 넣어 두면 종이가 팽팽해집니다. 만약 책일 경우 책을 덮고 냉동실에 넣어야 합니다.

신기하네요. 어떤 원리죠?

물이 얼면 팽창하는 특이한 성질을 이용한 것입니다.

물과 종이 펴기가 어떤 관련이 있죠?

젖은 종이를 냉동실에 넣으면 종이 사이사이에 들어가 있던 물 분자가 얼면서 팽창하고 좁아진 섬유질 틈을 늘려 주기 때문에 종이의 주름이 펴지는 것입니다.

젖은 종이는 종이에 포함되어 있던 성분이 물에 녹거나 종이를 구성하는 섬유질의 수소 분자 층이 파괴되어 부피가 줄어듭니다. 그런데 이를 냉동실에 넣으면 물의 팽창에 의해 책이 펴지게 됩니다.

 종이가 물에 젖으면 아무리 잘 말려도 쭈글쭈글해집니다. 이는 종이를 구성하는 성분이 물에 녹거나 종이 섬유질 속의 구성이 깨지면서 섬유질 배열이 좁아져 부피가 줄어들었기 때문입니다. 그러나 냉동실에서 얼릴 경우 물 분자가 팽창하여 종이가 쭈글쭈글해지지 않습니다. 따라서 이런 방법으로 책을 펴 보고 그래도 쭈글쭈글하다면 그때 책값을 변상하시기 바랍니다.

최초의 종이

세계 최초의 종이는 이집트에서 만들어졌다. 종이의 이름은 '파피루스'인데, 이집트의 서기관들이 만들었으며 이중에서 이름이 알려진 사람은 한 명도 없다. 원래는 돌조각에다가 글을 새겨 넣어 기록을 했지만 그것이 불편해서 파피루스를 만들었다. 파피루스로 만들어진 대표적인 책은 《사자의 서》라는 책이다.

지우개가 폭발했어요

액체 질소는 어떻게 지우개를 폭발시켰을까요?

고질소 씨는 하봉드 대학 액체 질소 실험실의 박사다. 그는 지금까지 모든 실험과 연구를 혼자서 해 왔다. 그러나 요즘 늘어난 실험과 연구들은 더 이상 이 모든 일을 혼자서 해 낼 수 없게 만들었다. 밤낮으로 연구에 매진하느라 심신이 약해진 고질소 씨는 이마 위로 흘러내리는 식은땀을 닦아 냈다.

"휴! 더 이상은 무리야. 조수를 한 명 붙여 달라고 해야겠군."

다음 날, 고질소 씨는 하봉드 대학의 총장실을 찾았다.

'똑똑똑!'

"들어오세요."

총장실로 들어서자 머리가 환히 빛나는 총장님이 고질소 씨를 반겼다.

"고 박사, 무슨 일인가? 요즘 액체 질소 연구는 잘돼 가고 있고?"

하봉드 대학의 총장님은 총장님이기 이전에 고질소 씨의 스승이었다. 고질소 씨는 대학 시절 하봉드 대학의 총장님 밑에서 많은 것들을 배웠다. 그것들이 기반이 되어 오늘의 고질소 씨가 있게 된 것이다.

"선생님, 고박사라니요! 부끄럽습니다."

고질소 씨가 얼굴을 붉히며 총장실의 소파에 앉았다. 고질소 씨는 하봉드 대학의 총장님을 선생님이라고 불렀다. 고질소 씨와 하봉드 대학 총장님의 관계를 생각해 보면 '총장님'이란 단어보다 '선생님'이란 단어가 더 어울리는 게 사실이었다.

"허허허, 그런데 질소 자네 얼굴색이 영 좋지 못한 것 같네. 무슨 일 있나?"

총장님이 걱정스런 눈빛으로 고질소 씨를 바라보았다.

"아닙니다. 그런데 선생님, 요즘 실험실 일이 갑자기 많아지다 보니 혼자서 실험실을 책임지는 게 힘듭니다. 그래서 말인데 조수 한 명만 붙여 주시면 안 되겠습니까?"

고질소 씨는 어렵게 말문을 열었다. 그러자 총장님은 고질소 씨의 부탁을 흔쾌히 받아 주셨다.

"그런 일이라면 내가 도와줘야지. 조수 100명이라도 붙여 줘야지. 허허허!"

총장님은 호탕하게 웃어 보였다.

"100명까지는 필요 없고 한 명이면 충분합니다. 하하!"

총장님과 고질소 씨가 만난 총장실에는 오랫동안 웃음꽃이 만발했다.

다음 날, 하봉드 대학의 게시판에는 다음과 같은 공문이 붙었다.

하봉드 대학 고질소 박사의 실험실에서 함께 일할 조수를 구합니다. 관심 있는 과학도들은 자연과학대학 307 실험실을 방문해 주십시오.

고질소 씨는 자신의 실험실에서 자신을 도와줄 조수를 기다리고 있었다. 그런데 날이 저물도록 고질소 씨의 실험실을 찾는 이는 단 한 명도 없었다.

"설마 아무도 지원하지 않는 건 아닐까? 하긴, 실험실 환경이 열악하다는 것은 실험실 바닥을 기어 다니는 개미들도 다 아는 사실이니……."

이렇게 중얼거리는 고질소 씨의 얼굴엔 실망한 기색이 역력했다. 그런데 그때, 누군가 고질소 씨의 실험실 문을 두드렸다.

'똑똑똑!'

고질소 씨는 반가운 마음에 소리쳤다.

"들어오세요."

실험실로 들어오는 사람은 멀대같이 큰 키에 비쩍 마른 몸매를 자랑하는 남학생이었다.

"실험실 조수를 구한다고 해서 찾아왔는데요."

그 남학생은 실험실 안으로 얼굴을 빠끔히 내밀며 말했다.

"아! 이쪽으로 들어와 앉으세요."

고질소 씨는 의자를 앞으로 당겨 앉을 것을 청했다. 남학생은 조심스럽게 실험실 안으로 들어와 고질소 씨가 가리키는 의자에 앉았다.

"우리 학교 재학생인가요?"

고질소 씨가 남학생에게 물었다.

"네, 저는 생화학과 2학년 서덤벙입니다."

"아, 그렇군요. 실험실 일은 그리 만만한 일이 아닙니다. 웬만한 의지력과 인내력으로는 버티기 힘든 곳이죠. 그래도 할 수 있을는지……."

고질소 씨는 실험실 일의 어려움을 미리 알려주고, 끝까지 할 수 없다면 처음부터 시작하지 않는 것이 좋다고 말해 주려는 것이었다.

"네, 실험실의 열악한 환경은 익히 들어 알고 있습니다. 그만한 각오는 하고 찾아왔으니 걱정 마십시오."

고질소 씨는 서덤벙 씨의 패기 있는 태도가 마음에 들었다.

"좋습니다. 그러면 내일부터 실험실로 출근해 주십시오. 내일부터 일주일 동안 실험실 일에 관한 교육을 먼저 하겠습니다."

"네."

이렇게 해서 서덤벙 씨가 고질소 씨의 실험실 조수로 채용되었다.

다음 날, 서덤벙 씨는 고질소 씨가 출근하기도 전에 미리 실험실에 나와 청소를 하고 있었다.

"안녕하세요, 박사님!"

"덤벙 씨, 일찍 출근하셨네요."

"네, 제가 아침잠이 좀 없어서요."

서덤벙 씨가 머리를 긁적이며 말했다.

"좋은 현상입니다. 하하하!"

고질소 씨가 외투를 벗고 실험실 가운으로 갈아입으며 말했다. 실험실 가운을 입은 고질소 씨는 책상 앞에 자리 잡고 앉았다.

"덤벙 씨, 오늘부터 일주일간은 실험실 교육을 하기로 했으니, 필기구를 가지고 이쪽으로 오세요."

고질소 씨의 말에 서덤벙 씨는 허둥지둥 필기구를 챙겨 책상 앞에 가 앉았다.

그렇게 실험실 교육이 시작되었다. 그런데 일주일 동안 하기로 한 교육은 한 달이 지나도록 그 끝이 보이지 않았다.

"아니! 그것과 그것은 절대 서로 반응시켜선 안 된다고 내가 몇 번이나 말했니?"

그날도 고질소 씨의 방에서는 고질소 씨의 격앙된 목소리가 터져

나왔다. 고질소 씨는 서덤벙 씨를 교육시켜 실험실 조수로 쓰느니 차라리 자기 혼자 모든 일을 하는 편이 나을 것 같다는 생각까지 들었다.

서덤벙 씨의 일을 해 보려는 의욕은 강했다. 그러나 그 대단한 의욕만큼이나 어리버리하고 덤벙댔기 때문에 고질소 씨가 가르쳐 준 10개 중 9개는 금세 잊어버렸다. 서덤벙 씨의 노트는 새카만 연필 필기로 가득 채워졌지만 서덤벙 씨의 머릿속은 좀처럼 채워질 생각을 하지 않았다.

"휴, 덤벙아! 조금만 쉬자."

서덤벙 씨를 가르치다 진이 빠진 고질소 씨는 커피 한 잔을 마시며 휴식을 취했다. 하지만 의욕에 불타는 서덤벙 씨는 그 순간에도 연필을 놓지 않았다. 그는 자신의 실험실 노트와 씨름하며 머리를 쥐어뜯었다.

"덤벙아, 그렇게 앉아만 있는다고 머릿속에 들어오니? 너도 이리 와서 커피 한 잔 마셔."

고질소 씨는 그런 서덤벙 씨를 보고 있자니 짜증이 나기도 하고 안쓰럽기도 했다. 그는 그 안쓰러운 마음 때문에 아직까지 서덤벙 씨를 해고하지 못하고 있는 것이었다. 만약 그 마음이 없었다면 벌써 수천 번은 더 해고시켰을 것이다.

고질소 씨의 말에 서덤벙 씨가 덤벙거리며 자리에서 일어났다. 의자가 삐걱대고 책상이 이리저리 밀렸다. 그 바람에 책상 위에 놓여 있던 지우개가 책상 옆의 액체 질소 통에 퐁당 빠져 버렸다.

'퍼버버벙!'

순간 실험실에는 강한 폭발이 일어났다. 다행히 고질소 씨가 서덤벙 씨를 안고 재빠르게 피해 큰 부상은 입지 않았지만, 실험실의 모든 기구와 그동안의 연구 업적들은 모두 파괴되고 말았다.

고질소 씨는 좀 더 일찍 서덤벙 씨를 해고하지 못한 자신을 질책해 보았지만 이미 늦은 후회였다. 그는 결국 실험실의 모든 기구를 파손시킨 서덤벙 씨를 화학법정에 고소했다.

펑!

액체 질소

질소는 실온에서 기체 상태로 존재합니다. 그런데 온도를 낮춰
−196도가 되면 액체가 되는데 이것이 바로 액체 질소입니다.
이때 지우개와 같은 전기가 통하지 않는 부도체 물질을
넣으면 터질 수도 있습니다.

액체 질소 통 안의 지우개는
왜 폭발했을까요?
화학법정에서 알아봅시다.

재판을 시작합니다. 먼저 피고 측 변론하
세요.

사람이 일하다 보면 물건을 떨어뜨릴 수 있
는 거지요. 그게 지우개든 뭐든 간에 말입니다. 그러다가 지우
개가 액체 질소 통에 빠진 걸 왜 서덤벙 씨가 책임져야 합니
까? 액체 질소 뚜껑을 닫아 놓지 않은 고질소 씨가 책임져야
지, 그게 제 주장입니다.

그럼 원고 측 변론하세요.

제가 직접 변론하겠습니다.

그러세요.

이번 사건은 액체 질소가 너무 차갑기 때문에 벌어진 사건입
니다.

얼마나 차갑습니까?

질소는 보통의 온도에서 기체 상태로 존재하지요. 지금 이 공
간에 있는 공기의 80%가 질소 기체니까요. 그런데 질소는 온
도를 낮춰 영하 196도가 되면 액체가 되는데 그게 바로 액체
질소입니다.

🎭 그럼 액체 질소 속에 물건을 넣으면 위험한가요?

🗣 물론입니다. 이번 사건처럼 지우개를 넣으면 터질 수도 있습니다.

🎭 그건 왜죠?

🗣 지우개는 전기가 잘 안 통하는 부도체입니다. 일반적으로 전기가 잘 안 통하는 물질은 열도 잘 전달하지 못합니다.

🎭 그런데요?

🗣 이런 지우개를 영하 196도의 차가운 곳에 넣으면 지우개의 바깥쪽은 온도의 변화가 커서 급격하게 수축하고 지우개는 열이 잘 전달되지 않으니까 안은 그대로 탄력 있는 상태로 되겠지요? 이런 불균형이 결국 지우개를 터져 버리게 만들지요.

🎭 허허! 액체 질소란 위험한 놈이군요. 아무튼 화학 실험실은 항상 조심 또 조심해야 하는 곳이므로 덤벙거리면서 위험을 자초한 서덤벙 씨에게 이번 사건의 책임을 물을 수밖에 없겠습니다.

 기체의 액화점

기체가 액체로 변하는 온도를 액화점이라고 하는데 기체의 분자량이 작을수록 액화점이 낮다. 예를 들어 메탄은 산소보다 무거우므로 액화점이 높고, 무거운 기체인 프로판이나 부탄은 메탄보다 액화점이 더 높다.

콜라 스프레이

콜라로 스프레이를 만들 수 있을까요?

한깔롱 씨는 남자 친구 사나이 씨와의 야외 나들이를 앞두고 머리 손질을 하기 위해 미용실을 찾았다. 이 미용실은 얼마 전 한깔롱 씨의 동네에 신장 개업한 미용실인데, 한깔롱 씨는 이번에 처음으로 이 미용실을 찾는 것이었다.

"어서 오세요, 언니!"

미용실의 원장 김주름 씨가 한깔롱 씨를 살갑게 맞이했다.

"아, 네."

한깔롱 씨는 떨떠름한 얼굴로 인사를 받았다.

'언니? 얼굴에 주름이 자글자글한 게 나보다 열 살은 더 많아 보이는구먼.'

한깔롱 씨는 김주름 씨가 자신에게 언니라 부르는 것이 내심 거슬렸던 것이다.

"이쪽으로 앉으세요."

김주름 씨는 한깔롱 씨를 의자에 앉히며 미용 가운을 둘러 주었다.

"미용실에 손님이 없네요?"

의자에 앉은 한깔롱 씨는 미용실을 둘러보며 불안한 듯 말했다. 미용실에 손님이 없다는 말은 곧 그 미용실의 미용 솜씨가 엉망이라는 것과 같은 의미일 수 있기 때문이다.

"아, 네. 언니가 시간을 참 잘 맞춰서 오셨어요. 원래라면 사람들이 북적거릴 시간인데 오늘따라 손님이 없네요. 호호호!"

김주름 씨는 눈가에 자글자글한 주름을 지으며 웃었다.

"어떤 헤어스타일로 해 드릴까요?"

김주름 씨는 한깔롱 씨의 머리를 만지작거리며 물었다.

"머리끝만 약간 쳐 주세요. 그리고 이 앞머리도 조금 잘라 주시고요. 전체적으로 숱도 쳐 주세요."

김주름 씨에게 자신이 원하는 머리 모양을 말한 한깔롱 씨는 나른한 날씨 때문에 점점 눈이 감겨 오는 것을 느꼈다. 한깔롱 씨는 김주름 씨의 미용 실력이 못 미더워 두 눈 부릅뜨고 지켜보려 했으나 자신의 의지대로 잘 되지 않았다. 이제 한깔롱 씨는 세상 돌아가는 사정도 모른 채 꾸벅꾸벅 졸고 있었다.

"자, 다 됐습니다."

몇 십분 후, 김주름 씨가 미용 가운을 벗기며 큰 소리로 말했다. 한참 꿈속을 헤매며 침을 흘리고 있던 한깔롱 씨는 깜짝 놀라며 눈을 떴다. 거울 속에는 부스스한 자신의 모습이 비치고 있었다.

"어머! 머리가 이게 뭐예요?"

한깔롱 씨는 거울 속에 빠져들 듯이 자신의 얼굴을 거울에 들이대며 소리쳤다.

"마음에 안 드세요?"

김주름 씨가 당황한 표정으로 어쩔 줄 몰라 하며 말했다.

"지금 그걸 말이라고 하세요? 악! 난 몰라. 약속 시간도 얼마 안 남았는데 머리카락들이 다 제멋대로 휘날리잖아요."

한깔롱 씨는 흥분을 가라앉히지 못하고 소리쳤다.

"죄송해요, 언니! 제가 다시 만져 드릴게요."

"아, 그리고 아까부터 언니, 언니 하시는데 몇 살이세요?"

"열아홉 살……."

"네? 지금 장난치세요?"

"열아홉 살 맞는데요. 그러는 그쪽은?"

"저…… 전, 스…… 스물다섯이요!"

김주름 씨의 나이가 열아홉이라는 말에 한깔롱 씨는 말을 더듬으며 당황했다. 자기보다 적어도 열 살은 더 많을 거라 생각한 김주름 씨가 자기보다 오히려 여섯 살이나 어리다니! 한깔롱 씨는 그 말을 도저히 믿을 수 없었다.

"사실 제가 어릴 때 몸이 퉁퉁 붓는 몹쓸 병에 걸렸어요. 저희 부모님은 제가 풍선처럼 부풀어 오르다가 '펑!' 하고 터질 줄 아셨대요. 하지만 저는 자라면서 점점 그 붓기가 빠지기 시작했죠. 부모님은 제가 정상적으로 돌아온다고 기뻐하셨지만, 그 기쁨도 잠시, 팽팽하게 부풀었던 붓기가 빠지면서 이렇게 쭈글쭈글한 주름을 만들어 버렸죠."

김주름 씨는 힘없이 말하며 고개를 떨어뜨렸다. 한깔롱 씨는 본의 아니게 김주름 씨의 아픈 상처를 건드린 것만 같아 미안했다. 한깔롱 씨는 흥분을 가라앉히고 다시 조용히 의자에 앉았다.

"미, 미안해요! 몰랐어요."

"아, 아니에요! 괜찮아요. 하하!"

"머리는 그냥 스프레이로 살짝 고정시켜 주세요. 그러면 괜찮을 것 같네요."

한깔롱 씨는 스프레이로 대충 머리를 고정시키면 그나마 나을 것 같았다. 그녀는 빨리 머리 손질을 마치고 이 미용실을 빠져나가고 싶었다.

김주름 씨는 선반 위로 가 스프레이를 찾았다. 그런데 어찌된 일인지 스프레이가 몽땅 다 떨어지고 없었다. 당황한 김주름 씨는 침착하게 냉장고로 갔다. 그리고는 냉장고에서 먹다 남은 콜라를 꺼내 분무기에 집어넣었다.

김주름 씨는 콜라가 든 분무기를 가지고 가 한깔롱 씨의 머리에 뿌려 주었다. 그러자 제멋대로 휘날리던 머리들이 점점 안정을 되찾기 시작했다. 콜라로 진정시킨 머리는 생각보다 훨씬 괜찮았다.

"오! 머리 예쁜데요?"

한깔롱 씨는 매우 만족한 표정을 지었다. 그녀는 자신의 머리를 콜라로 고정시킨 것도 모른 채 비용을 지불하고 미용실을 빠져나왔다.

한깔롱 씨는 집으로 가 옷을 갈아입고 사나이 씨가 기다리고 있는 공원으로 나갔다. 하늘은 높고 산은 푸르렀다. 날씨 화창한 주말이라 그런지 나들이 나온 가족들도 많이 보였다.

"깔롱 씨, 여기예요."

미리 와 기다리던 사나이 씨가 저 멀리서 손을 흔들며 한깔롱 씨를 불렀다. 그런 사나이 씨를 발견한 한깔롱 씨는 사나이 씨가 있는 곳으로 뛰어갔다.

"나이 씨, 제가 조금 늦었죠?"

"아니에요, 저도 온 지 10분밖에 안 된걸요."

한깔롱 씨와 사나이 씨는 소개팅을 통해 만난 지 일주일도 안 된 사이였다. 그들은 아직까지 서로에 대해 탐색하며 서로에게 좋은 이미지를 주기 위해 노력하는 중이었다.

"깔롱 씨, 그런데 오늘따라 깔롱 씨 머리가 아주 예쁜데요?"

사나이 씨가 한깔롱 씨의 머리를 보며 말했다.

'휴! 스프레이를 뿌렸더니 그나마 봐 줄 만한가 보군.'

한깔롱 씨는 속으로 안도의 한숨을 내쉬며 미소 지었다.

"그래요? 오늘 좀 신경을 썼더니, 호호호!"

"그런데 깔롱 씨, 아까부터 계속 콜라 냄새 같은 게 나는 것 같지 않아요?"

"글쎄요."

한깔롱 씨는 고개를 갸우뚱거리며 주위를 둘러보았다. 주위에는 콜라 냄새가 날 만한 물건이 없었다. 그런데 이상하게 한깔롱 씨의 코에서도 아까부터 콜라 냄새가 나는 것 같았다.

그때였다. 파리 한 마리가 '윙~' 하고 날아오더니 한깔롱 씨의 머리에 붙었다.

"웬 파리가! 하하!"

사나이 씨가 웃으며 파리를 쫓아내 주었다. 그런데 잠시 후엔 파리 수십 마리와 벌 수십 마리가 한깔롱 씨의 머리 위로 달려들었다.

"꺄악!"

파리, 벌뿐만 아니라 개미들도 줄을 지어 한깔롱 씨의 머리 위로 올라오고 있었다.

이날의 데이트는 한깔롱 씨의 머리를 두고 벌어진 곤충들의 난동으로 엉망이 되어 버렸다. 사나이 씨는 한깔롱 씨가 머리를 감지 않아 이 같은 일이 벌어졌다고 생각했다. 그는 더 이상 지저분한 한깔롱 씨와 사귈 수 없다며 한깔롱 씨에게 이별을 통보했다.

한깔롱 씨는 이 모든 사건이 자신의 머리를 만져 준 미용실에서 시작되었다는 생각이 들었다. 그녀는 당장 화학법정으로 가 화창한 주말의 데이트를 망치게 한 김주름 씨를 고소했다.

헤어스프레이가 없다면, 탄산음료를 대신 사용할 수 있습니다.
탄산음료를 골고루 머리카락에 발라 고정하고 싶은 부분을 잡고
헤어드라이어로 머리카락을 말리면 머리가 고정됩니다. 탄산음료 속의
당분이 헤어스프레이의 고분자 중합체 역할을 대신하기 때문입니다.

탄산음료로 헤어스프레이를
대신할 수 있을까요?
화학법정에서 알아봅시다.

 판결을 시작하겠습니다. 원고 측 변론하
세요.

 한깔롱 씨는 사나이 씨와의 데이트를 위해
김주름 씨의 미용실에 들러 머리를 손질했습니다. 그런데 자
꾸 머리에서 콜라 냄새가 났고 데이트 때 벌 떼와 개미 떼에
시달려 결국 사나이 씨에게 이별 통보를 받을 수밖에 없었습
니다. 피고 측의 증언에 따르면 머리에 스프레이 대신 콜라를
썼다고 하는데 콜라를 어떻게 사람 머리카락에 쓸 수 있습니
까? 김주름 씨는 한깔롱 씨에게 손해 배상을 해야 합니다.

 피고 측 변론하세요.

 김주름 씨는 급히 헤어스프레이를 써야 했지만 다 떨어진 상
태로 마침 콜라가 있어서 그것을 헤어스프레이 대신 썼습니
다. 이것이 가능한 것일까요? 헤어 디자이너 가이손 씨를 증
인으로 요청합니다.

양손에 미용 가위를 들고 화려한 헤어스타일을 한 가이
손 씨가 증인석에 앉았다.

헤어스프레이는 어떤 때에 쓰이죠?

주로 헤어스타일을 고정할 때 쓰입니다. 헤어스프레이를 뿌렸을 경우 머리카락이 딱딱하게 굳습니다.

헤어스프레이에 어떤 성분이 있나요?

제조사마다 다르지만 공통적으로 알코올 성분과 고분자 중합체 성분이 있습니다.

두 가지가 하는 일이 어떤 것이죠?

알코올 성분은 고분자 중합체가 머리에 딱 달라붙도록 도와주고 고분자 중합체는 머리카락에 붙어 고정시키는 역할을 합니다. 알코올 성분은 공기 중으로 잘 날아가기 때문에 알코올 성분이 날아가고 고분자 중합체만 남았을 때 머리가 딱딱한 것입니다.

탄산음료를 헤어스프레이 대신 쓸 수 있을까요?

아마 될 겁니다. 제가 한 번 사용해 본 적이 있거든요.

어떻게 하면 되죠?

탄산음료를 골고루 머리카락에 발라 고정하고 싶은 부분을 잡아주고 헤어드라이어로 머리카락을 잘 말리면 됩니다.

왜 머리가 고정되는 거죠?

탄산음료 속의 당분이 헤어스프레이의 고분자 중합체 역할을 대신하는 것입니다.

헤어스프레이 속 고분자 중합체는 딱딱하게 굳어 머리카락을 고정시키는 역할을 합니다. 그런데 만약 헤어스프레이가 없으면 탄산음료를 이용하면 되는데 탄산음료 속의 당분이 머리카락을 고정시키는 역할을 합니다.

 콜라 속의 당분이 고분자 중합체의 역할을 하여 마치 헤어스프레이를 뿌린 효과가 나타날 수 있지만 당분과 향 때문에 벌레의 공격을 받을 수 있다는 단점이 있습니다. 따라서 헤어스프레이를 미처 준비하지 못한 미용실에 잘못이 있음을 판결합니다.

 프레온 가스

미국 과학자 미드글리가 제너럴일렉트릭(GE)사에서 의뢰를 받아, 가정용 냉장고에 사용하고 있던 암모니아를 대체하기 위해 1930년에 CFC를 처음 개발했다. GE사는 화학 약품 회사인 뒤퐁사와 공동으로 생산을 시작했고 상표명을 프레온으로 정했다. 색과 냄새가 없고, 인체에 무해하며 매우 안정하여 폭발성도 없고 불에 타지도 않는다. 상온에서 기체 상태로 존재하며 화학적으로 안정한 성질 때문에 냉장고·에어컨 등의 냉매로 이용되었으며 이외에도 용제나 발포제, 스프레이나 소화기의 분무제 등으로 사용되었다.

디클로로메탄

부직포에 디클로로메탄을 부으면 눈꽃이 피어납니다. 그것은 디클로로메탄이 휘발성이 강하기 때문이죠.

디클로로메탄은 기화점이 40도인데 이것이 기화할 때 주변의 수증기로부터 열을 빼앗아 와 수증기가 얼음이 되어 부직포에 붙는 것이죠.

실리카겔

방에 습기가 많으면 실리카겔을 놔두면 됩니다. 실리카겔은 과자 안이나 구운 김 안에 들어 있는 조그마한 알갱이들이죠. 이것이 악취나 습기를 제거하는 데 아주 좋은데, 실리카겔의 표면을 현미경으로 자세히 들여다보면 무수히 많은 구멍들을 발견할 수 있어요. 이 구멍들 때문에 실리카겔은 표면 전체의 넓이가 굉장히 넓어요. 그래서 수분이나 기체를 잘 빨아들여 습기를 제거할 뿐만 아니라 냄새를 제거하는 데도 유용하게 쓰이죠.

실리카겔은 일반적으로 투명하지만, 염화코발트를 첨가했을 때는 푸른색을 띠죠. 염화코발트는 수분을 만나면 분홍색으로 바뀌는

성질이 있어요. 분홍색으로 바뀐 실리카겔을 뜨겁게 달구어 주면 다시 푸른색으로 돌아와 재활용이 가능하답니다

종이컵 위가 말려 있는 이유는?

만약에 종이컵의 말린 부분을 잘라 내면 컵을 잡기가 힘들어져요. 종이컵이 외부로부터 큰 힘을 받아도 말린 부분이 지탱할 수 있는 역할을 하기 때문이죠. 또한 만약 끝이 말려 있지 않다면 내부의 코팅지와 종이 사이로 물이 들어가기 쉽죠.

안으로 말지 않고 바깥으로 만 것도 코팅지와 종이 사이로 물이 스며들지 못하게 하기 위해서랍니다. 또한 끝이 부드러운 곡선을 이루고 있어 입에 댔을 때 촉감이 좋아요.

볼펜의 잉크는 왜 새지 않을까요?

연필 못지않게 많이 쓰이는 볼펜은 잉크로 글씨를 쓰는 것이죠. 볼펜 안에 있는 잉크는 신기하게도 새지 않아요. 이것이 어떻게 가능할까요? 볼펜의 끝을 자세히 살펴보면 아주 조그마한 구슬이 끼워져 있는 것을 발견할 수 있어요. 이 구슬이 글씨를 쓸 때는 회전

을 하면서 조금씩 잉크를 묻혀 내보내고, 사용하지 않을 때는 잉크가 새지 않도록 막아 주는 역할을 하죠. 구슬이 빠지면 흥건하게 묻을 정도로 잉크가 새니 조심하도록 합시다.

우표 뒤쪽의 풀은 무엇으로 만들었을까요?

우표를 수집하는 어린이는 있어도 우표 뒤의 풀에까지 주의를 기울이는 어린이는 드물다고 생각합니다. 우표 뒤에는 아라비아고무를 물에 녹인 용액이 발려 있어요. 이 용액이 마르면 우표 용지가 뒤틀리게 되므로 그것을 방지하기 위해 글리세린을 아라비아고무의 수용액에 조금 첨가한답니다. 이 글리세린은 공기 속에서 적당량의 수분을 흡수하므로 우표가 뒤틀리지 않게 되는 것이죠. 우표 뒤의 풀은 마른 뒤에도 물기에 닿으면 녹아 버리므로 종이에서 벗겨지기 쉽죠.

이처럼 풀이 벗겨진 우표가 다시 마르면 약간의 아라비아고무가 종이에 남으나 글리세린은 용합되므로 종이가 뒤틀린다든가 또는 다른 까닭으로 주름이 지게 되죠.

과학성적 끌어올리기

순간접착제는 왜 금방 붙을까요?

순간접착제는 시아노아크릴레이트계라는 일종의 합성수지로 투명한 액체이지만, 이 액체는 공기 중에 포함된 약간의 수분에 의해 순간에 화학 변화를 일으켜 굳어져 버립니다. 그래서 5초 정도 문지르면 접착 작용을 일으키죠. 게다가 이 짧은 시간에도 강력하게 접착하고 15분이 지나면 더욱 더 충분한 강도가 생겨 14시간 후에는 점점 강하게 부착되는 것이죠. 여러 종류가 나와 있는데, 종류에 따라서 다소 성분이 다르므로 그 작용도 어느 정도 서로 다르답니다. 너무 빨리 붙거나 지나치게 강력하게 붙으면 곤란한 일도 생기죠. 손가락으로 누르고 있으면 손가락끼리 달라붙는 일도 있고, 피부를 쥐어뜯는 일도 생기죠. 강력한 접착제인 만큼 조심해서 사용하지 않으면 위험하다는 사실도 명심하세요.

우유 팩은 어떻게 해서 우유가 새지 않나요?

우유뿐만 아니라 주스나 술 등을 포장한 종이 팩이 최근에 많이 늘어났어요. 이 팩의 안쪽에는 얇은 폴리에틸렌으로 만든 막이 붙어 있죠. 물론 바깥쪽에도 막이 코팅되어 있어서 물이 묻어도 구멍이 나지 않아요. 이런 방식을 '라미네이트 가공'이라고 해요. 몇 장의 층을 겹쳤다는 뜻이에요. 요즘 팩의 제조가 많이 늘어나고 있는데, 이를 재생할 때에는 종이팩을 물에 담가 이 폴리에틸렌 막을 벗기고 종이만 재생해 쓰는 것이죠.

제5장

고분자에 관한 사건

실험용 플라스틱 등기피재료인 고분자화합물 폴리스티렌으로 액세서리를 만들고 있다고!

방탄 플라스틱

방탄유리보다 강한 방탄 플라스틱은 어떻게 만들까요?

국방부 장관을 비롯한 고위급 관료들이 회의실에 모였다. 최근 국제적 문제로 부각된 테러의 심각성에 대해 알고 그 예방책과 해결책을 찾기 위해서이다.

"장관님, 우리나라도 이제 결코 테러로부터 안전할 수 없습니다."

김 의원이 말문을 열었다.

"김 의원 말이 맞습니다. 믿을 만한 소식통에 의하면 테러 조직들이 우리나라의 주요 기관들을 주시하고 있다고 합니다."

박 의원이 김 의원의 말을 거들고 나섰다. 여러 의원들의 말을 들은 국방부 장관의 얼굴이 어두워졌다.

"그렇다면 테러의 위협으로부터 벗어날 수 있는 방법은 없는 겁니까?"

국방부 장관은 지푸라기라도 잡고 싶은 심정으로 물었다. 그러나 의원들은 아무런 대답이 없었다. 순간 회의실은 길고 어두운 침묵에 휩싸였다.

"저기, 장관님! 한 가지 방책이 있긴 합니다만."

그 침묵을 깨고 나선 건 다름 아닌 송 의원이었다. 모든 의원들의 시선이 송 의원을 향했다. 국방부 장관도 예외는 아니었다.

"송 의원, 그게 무엇입니까?"

국방부 장관이 기대에 찬 목소리로 물었다.

"그게…… 주요 건물들의 유리창을 테러의 공격에 대비할 수 있을 만큼 강한 것들로 교체하는 것입니다."

송 의원이 조심스럽게 자신의 의견을 내놓았다. 송 의원의 의견을 들은 김 의원은 인상을 찌푸리며 송 의원의 의견에 반론을 제시하고 나섰다.

"송 의원님, 그것은 테러의 위협으로부터 벗어날 수 있는 근본적인 해결책이 아닙니다. 유리창을 강한 것들로 교체한다고 테러가 발생하지 않는답니까?"

김 의원의 물음에 송 의원 대신 국방부 장관이 대답하고 나섰다.

"김 의원, 그렇다면 테러가 발생하지 않도록 하기 위한 다른 해결책을 제시해 보시지요."

김 의원은 말을 얼버무리기만 할 뿐 아무런 대답도 하지 못했다.

"지금 우리는 우리가 할 수 있는 모든 방책을 제시해야 할 때입니다. '그게 무슨 소용 있겠어?'란 생각은 일찌감치 쓰레기통에 갖다버리십시오. 우리는 좀 더 적극적으로 이 테러의 위협에 대응해 나갈 필요가 있습니다."

국방부 장관은 의원들을 독촉하고 나섰다. 그러나 송 의원을 제외한 다른 의원들은 이번 테러의 위험성에 대해서만 이야기할 뿐, 어떠한 예방책도 제시하지 못했다.

"아무 의견이 없으신 겁니까? 그렇다면 일단 국가 주요 기관들의 유리창을 모두 강화된 유리창으로 바꾸는 일부터 시작하십시오."

국방부 장관은 강한 어조로 힘 있게 말한 뒤 회의실을 빠져나갔다. 국방부 장관이 떠난 회의실의 의원들은 웅성거리기 시작했다.

"장관님이 저렇게 말씀하시는데 내일이라도 당장 강화 유리 업체를 공모해야 하는 것 아닙니까?"

이 의원이었다. 이 의원은 의원들 사이에서 손가락에 지문 없는 사람으로 유명했다. 고위급 인사들에게 매일같이 손을 비비며 아부를 해 대니 지문이 남아날 턱이 없었다. 이 의원은 지금도 국방부 장관의 환심을 사기 위해 국방부 장관의 말이 떨어지자마자 분주하게 움직이고 있었다.

"그래야 될 것 같군요."

의자에 몸을 파묻은 김 의원이 떨떠름한 표정으로 말했다. 김 의원 또한 이 의원 못지않게 아부성 강한 인물이었다. 하지만 그는 매번 자신이 의도한 것과 달리 국방부 장관의 심기를 불편하게 만들었다. 오늘도 결국 국방부 장관의 성질을 건드리고 만 것처럼 말이다.

다음 날, 정부 주요 기관의 유리창을 강화 유리창으로 교체하기 위한 유리 공모가 이루어졌다. 이번 공모에는 예상대로 많은 유리 업체들이 몰려들었다.

"저희 회사의 유리는 압축 유리입니다. 유리 100개가 이 얇은 유리판에 몽땅 압축되어 있죠."

압축 유리 회사의 사람이 나와 자기 회사의 유리에 대해 설명했다. 열심히 자기 회사의 유리에 대해 설명하던 그는 잠시 후 갑자기 망치를 꺼내 들었다.

"이 망치로 유리를 내리쳐도 절대 깨지지 않습니다."

압축 유리 회사의 직원은 들고 있던 망치로 유리를 힘껏 내리쳤다. 사람들은 당연히 유리가 와장창 깨질 거라 생각했다. 그런데 그 유리는 사람들의 예상과 달리 깨지지 않고 금이 간 채 서로 엉겨 붙어 있었다.

"와!"

사람들의 탄성 소리가 들려왔다. 압축 유리 회사 직원은 뿌듯한 표정을 지으며 자신의 자리로 돌아갔다. 그는 이번 공모에서 자기 회사의 제품이 선택되리라 확신하고 있는 것처럼 보였다.

"이 유리는 고강도 유리입니다. 웬만한 충격에 끄떡도 하지 않죠."

이번엔 고강도 유리 회사의 직원이 나와 자기 회사 유리를 설명했다. 이 고강도 유리도 압축 유리 못지않게 강력했다. 이번 유리업체 공모는 압축 유리 회사와 고강도 유리 회사의 맞대결로 압축되는 듯 보였다.

"세상에, 이런 유리들이 있었다는 게 놀랍군요."

유리 업체들이 공모에 가지고 나온 유리들을 지켜보던 박 의원이 말했다. 깨지지 않는 유리들을 생전 처음 본 의원들은 놀라서 입을 다물지 못했다.

"다음 업체 앞으로 나와 주십시오."

마지막으로 유리 업체 공모에 나온 업체는 플라스틱 회사였다. 의원들은 고개를 갸우뚱거렸고 다른 사람들은 웅성거리기 시작했다.

"유리 업체 공모에 플라스틱 회사가 왜 나온 거야?"

"그러게 말이야. 혹시 플라스틱 업체 공모로 잘못 알고 나온 것 아닐까?"

"저 사람 괜히 시간 낭비만 하게 생겼군."

사람들은 저마다 한마디씩 내뱉었다. 사람들은 플라스틱 업체 직원의 말을 코로 들으며 딴청을 부렸다. 플라스틱 업체는 이번 공모에서 당연히 탈락될 것이라 생각했기 때문이다. 압축 유리 업체와 고강도 유리 업체는 벌써 자신의 회사가 이번 공모에 선정된 듯 기뻐하고 있었다.

다음 날, 국방부 홈페이지에는 이번 유리 업체 공모에 선정된 기업이 발표되었다. 유리 업체 공모에 참여한 기업들은 마음을 졸이며 국방부 홈페이지를 클릭했다. 붉은색으로 '유리 업체 공모 결과'란 글씨가 깜빡이고 있었다.

"휴, 떨리는데!"

압축 유리 회사의 사장이었다.

"당연히 우리 회사가 뽑혔을 거야."

고강도 유리 회사의 사장이었다.

그러나 유리 업체 공모의 결과를 확인한 두 회사의 사장은 경악을 금치 못했다. 정부 주요 기관의 유리창을 강화된 유리로 교체하는 유리 업체 공모에 플라스틱 회사가 선정되었던 것이다.

'따르릉~ 따르릉!'

"네, 압축 유리 회사 사장 강압축입니다."

"강 사장, 나 고 사장입니다."

이번 유리 업체 공모에 미심쩍은 것이 한두 가지가 아니라고 생각한 고강도 유리 회사의 고강도 사장이 강 사장에게 전화를 걸었다.

"예, 고 사장님! 이번 공모의 결과는 확인하셨는지요?"

"했지요. 그것 때문에 전화 드렸습니다. 저는 당연히 강 사장님 회사나 저희 회사가 선정될 것이라 생각했습니다! 이번 공모엔 이상한 점이 한두 가지가 아닙니다. 생뚱맞게 플라스틱 업체가 유리 업체 공모에 나온 것부터 그래요. 강 사장님, 저는 국방부 장관을 상대로 화학법정에 고소할 생각입니다."

고강도 사장의 의지는 확고해 보였다. 고강도 사장과 마찬가지로 이번 유리 업체 공모에 많은 불만을 가지고 있던 강압축 사장은 고강도 사장을 적극적으로 지지하고 나섰다.

이렇게 해서 고강도 사장과 국방부 장관이 화학법정에서 맞대결을 벌이는 사상 초유의 사태가 발생했다.

방탄유리보다 강한 방탄 플라스틱은 폴리카보네이트라는
물질로 만든 물질입니다. 폴리카보네이트는 열에 모양이 변하는
열가소성물질로 직사광선에 약해 수명이 6개월~1년 정도입니다.

방탄 플라스틱은 무엇으로
만든 것일까요?
화학법정에서 알아봅시다.

🧑‍⚖️ 판결을 시작하겠습니다. 원고 측 변론하
세요.

😲 존경하는 재판장님, 방탄유리는 들어 봤어
도 방탄 플라스틱은 들어 본 적이 없습니다. 플라스틱이 얼마
나 약한지 제가 확인해 드리죠.

화치 변호사는 여러 가지 딱딱한 플라스틱 제품을 늘어놓았다.
이를 망치로 세게 치니 모든 플라스틱 제품이 깨졌다.

😲 보셨듯이 플라스틱 제품들은 모두 망치에 깨졌습니다. 따라서
플라스틱은 매우 약한 물질입니다. 이게 어떻게 방탄이 된단
말입니까? 따라서 이번 국방부 공모전은 잘못된 것입니다.

😲 피고 측 변론하세요.

👩 실생활에서 쓰이는 플라스틱은 어느 정도 충격에만 견디면 됩
니다. 하지만 방탄 플라스틱은 분명 존재합니다. 고분자 화학
연구소 단단해 박사를 증인으로 요청합니다.

번쩍이는 얇은 옷을 입은 단단해 박사가 증인석에 앉
았다.

 옷이 참 독특하시네요. 안 추우세요?

이 옷은 특수 고분자 물질로 만든 방한복이라 매우 따뜻합니다.

그렇군요. 방탄유리는 어떻게 만드는 것인가요?

표면에 특수한 처리를 한 강화 유리나 가볍지만 잘 깨지지 않는 플라스틱을 두 장 이상 붙여서 만든 것입니다. 유리를 붙일 때 그 사이에 아크릴이나 공기를 넣기도 합니다.

방탄 플라스틱이 있습니까?

방탄 플라스틱은 실제로 있는 물질입니다. 방탄유리보다 더 강하죠.

방탄 플라스틱은 무엇으로 만든 것인가요?

고분자 물질인 폴리카보네이트라는 물질로 만든 것입니다.

폴리카보네이트는 어떤 성질이 있나요?

열에 모양이 변하는 열가소성입니다. 또 외부의 충격을 견딜 수 있는 강도가 유리의 250배, 아크릴의 40배이기 때문에 현재 정부 주요 시설, 군사 시설, 대사관 등에서 테러 예방을 목적으로 사용합니다.

그러면 모든 제품을 방탄 플라스틱으로 하여 평생 쓰면 되겠군요.

그러면 안 됩니다. 방탄 플라스틱은 직사광선을 받으면 시간이 지날수록 변하기 때문에 수명이 6개월에서 1년 정도입니다.

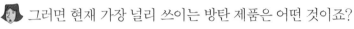 그러면 현재 가장 널리 쓰이는 방탄 제품은 어떤 것이죠?

두 개의 방탄 플라스틱 사이에 방탄유리를 넣은 삼중 코팅된 제품을 가장 많이 씁니다.

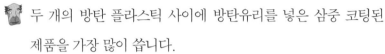 방탄 플라스틱은 폴리카보네이트라는 고분자 물질로 만든 것으로 외부 충격에 견디는 정도가 유리의 250배, 아크릴의 40배에 달합니다. 그리고 실제로 방탄유리만큼 널리 쓰이고 있습니다.

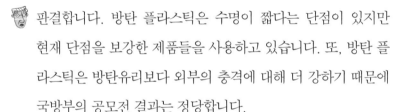 판결합니다. 방탄 플라스틱은 수명이 짧다는 단점이 있지만 현재 단점을 보강한 제품들을 사용하고 있습니다. 또, 방탄 플라스틱은 방탄유리보다 외부의 충격에 대해 더 강하기 때문에 국방부의 공모전 결과는 정당합니다.

 플라스틱

플라스틱은 '소성 또는 성형'이라는 뜻으로 플라스틱스라고도 한다. 천연수지와 합성수지(synthetic resin)로 크게 구별되며, 보통 플라스틱이라고 하면 합성수지를 가리킨다. 플라스틱은 최종적인 고체 상태 물질로 제조 과정에서는 어떤 단계에 이르러 유동성을 가지게 되므로 성형이 이루어진다.

재활용 목걸이

페트병이나 플라스틱을 이용해 예쁜 액세서리를 만들 수 있을까요?

주얼리 씨는 10년째 같은 자리에서 목걸이 가게
를 운영하고 있었다. 주얼리 씨의 가게는 대학로에
자리 잡고 있었는데, 외모에 관심이 많은 여대생들
은 주얼리 씨의 가게를 그냥 지나치지 못했다. 아기
자기하고 반짝이는 목걸이들을 한 번 보면 사지 않고는 못 배겼기
때문이다.

"이것 목걸이 좀 봐!"

오늘도 역시 주얼리 씨 가게의 목걸이들이 지나가던 여대생들의
발목을 잡았다.

"와~ 진짜 예쁘다! 저 목걸이 하나만 걸면 스타일이 확 살겠는데?"

"그치, 그치? 확 사 버릴까?"

"야, 근데 좀 비싼 것 같지 않냐?"

"뭐 어때? 이 집의 목걸이들은 모두 수공예품이라서 다른 데선 구할 수도 없다고."

"진짜? 그럼 나도 하나 사야겠는걸!"

주얼리 씨의 가게를 지나가던 두 여학생은 무언가에 홀린 듯 정신없이 가게 안으로 들어갔다.

여대생들의 말대로 주얼리 씨 가게에서 판매하는 목걸이들은 모두 수공예품이었다. 목걸이에 들어가는 구슬이며 장식품들은 모두 주얼리 씨가 새벽 시장에 나가 사 온 것들이다. 그것들을 주얼리 씨가 손으로 직접 가공해 목걸이로 재탄생시키는 것이다. 이렇게 주얼리 씨의 수고가 많이 들어가다 보니 목걸이의 가격은 비싸질 수밖에 없었다. 그러나 대학생들은 다른 데서 구할 수 없는 주얼리 씨네 목걸이를 비싼 가격을 지불하고서라도 구입하려 했다. 이로 인해 주얼리 씨 가게의 하루 매출액은 상상을 초월할 정도로 높았다. 이 가게를 운영해서 빌딩을 세웠다니 말 다했다.

그러던 어느 날, 목걸이 가게를 독점하며 호황을 누리던 주얼리 씨 가게 앞에 다른 목걸이 가게가 들어서게 되었다. 그 목걸이 가게는 주얼리 씨 가게와 마찬가지로 수공예 목걸이를 판매했다.

"목걸이 가게를 차리기만 하면 다 나처럼 성공할 줄 아나 보지?"

천만의 말씀, 만만의 콩떡! 조만간 문 닫게 해 줄 테다."

경쟁 가게의 등장에 신경이 날카로워진 주얼리 씨는 맞은편 목걸이 가게에 선전 포고를 내렸다.

주얼리 씨는 평소보다 더 바쁘게 움직였다. 더 예쁘고 더 화려하고 더 반짝이는 장식품 재료를 구하기 위해 새벽잠을 설치며 사방팔방으로 뛰어다녔다. 또 재료를 좀 더 멋지게 가공하기 위해 밤낮으로 일했다. 주얼리 씨의 얼굴은 날로 수척해져 갔다.

그런데 주얼리 씨의 이런 노고를 아는지 모르는지, 가게의 매출은 점점 떨어졌다. 목걸이들이 예전보다 훨씬 예쁘게 만들어지고 있음에도 불구하고 말이다. 가게 안에서 재료를 가공하던 주얼리 씨는 가게 밖으로 나와 경쟁 가게를 염탐하기 시작했다.

"와, 진짜 예뻐!"

"수공예품이 이렇게 싸도 되는 거야?"

경쟁 가게를 서성이던 여대생들은 수공예 목걸이가 싸고 예쁘다며 호들갑을 떨더니 가게 안으로 쪼르륵 들어갔다.

"뭐? 싸다고? 얼마나 싸길래?"

여대생들의 대화를 엿들은 주얼리 씨는 경쟁 가게 앞으로 가까이 다가갔다. 경쟁 가게에 진열된 목걸이들의 디자인은 주얼리 씨도 인정할 만큼 훌륭했다. 목걸이들의 디자인을 살펴보던 주얼리 씨의 시선은 곧 목걸이 옆에 달린 가격표로 옮겨졌다. 그 가격표를 본 주얼리 씨는 경악을 금치 못했다.

"마, 말도 안 돼. 우리 가게 목걸이의 반값도 안 되잖아."

그랬다. 경쟁 가게의 목걸이들은 주얼리 씨 가게의 목걸이들과 디자인과 품질 면에서 동등했지만 가격은 상대가 되지 않을 만큼 저렴했다.

그날 이후, 주얼리 씨는 목걸이 가격에 자신의 수고비는 포함시키지 않았다. 목걸이를 만드는 데 들어가는 재료 값에다 약간의 차비만 덧붙여 판매했다. 그러자 주얼리 씨의 가게는 다시 활력을 찾는 듯했다.

"이것 봐. 이 가게가 앞집보다 더 싼데?"

여대생들의 발걸음은 다시 주얼리 씨의 가게로 향했다.

그러나 그것도 잠시, 주얼리 씨의 가게에는 다시 파리만 날리는 신세로 되돌아갔다.

"도대체 뭐가 문제야?"

양 눈가에 짙은 다크서클을 매단 주얼리 씨가 다시 경쟁 가게 염탐에 나섰다. 경쟁 가게의 진열대를 확인한 주얼리 씨는 머리가 핑 도는 것을 느꼈다. 경쟁 가게 목걸이의 가격이 더 낮아져 있었던 것이다. 그 가격은 재료 값도 나오지 않을 가격이었다.

"이 사람 이거, 한 번 해보자는 거야?"

주얼리 씨는 한껏 열을 내며 자신의 가게로 돌아왔다. 그녀는 그날부터 목걸이들을 재료 값도 받지 않고 판매하기 시작했다. 그렇다 보니 목걸이를 많이 판매할수록 손해가 커지는 알 수 없는 상황이 되어 버렸다.

　심각한 출혈 경쟁에 지쳐 가던 주얼리 씨는 경쟁 가게의 주인이
그 재료들을 어디서 그렇게 싼값에 사 오는지 궁금해졌다.

　"문제는 재료야, 재료! 분명 내가 모르는 어딘가에 상상을 초월
하는 가격으로 재료 파는 가게가 있는 거야!"

　생각이 여기에 미친 주얼리 씨는 다음 날 새벽, 재료를 사러 가는
경쟁 가게 주인의 뒤를 밟았다. 경쟁 가게의 주인은 바구니 하나를
들고 동네를 돌기 시작했다.

　'재료 사러 안 가고 저기서 뭐하는 거야?'

　주얼리 씨는 남의 담벼락 뒤에 숨어 경쟁 가게 주인의 일거수일
투족을 살폈다. 그런데 잠시 후 놀라운 일이 벌어졌다. 주얼리 씨는
자신의 두 눈을 믿을 수 없었다.

　주위를 살피던 경쟁 가게 주인이 쓰레기통을 뒤지기 시작한 것이
다. 경쟁 가게의 주인은 동네를 돌며 이곳저곳의 쓰레기통을 마구
뒤졌다.

　'뭐야! 재료 사러 가는 거 아니었어? 쓰레기통에 머리 박고 뭐하
는 거야?'

　주얼리 씨는 경쟁 가게 주인의 알 수 없는 행동에 머릿속이 혼란
스러워졌다.

　'저 여자, 혹시 정신병자? 아니면 몽유병자? 도대체 뭐야!'

　주얼리 씨는 인적이 드문 새벽 골목길에서 경쟁 가게 주인의 이

상한 행동을 지켜보자니 등골이 오싹해 견딜 수 없었다.

'으, 포기하면 안 돼! 우리 가게의 운명이 걸렸다고! 조금만 더 지켜보자.'

주얼리 씨는 경쟁 가게 주인의 행동을 더 지켜보기로 했다. 경쟁 가게 주인은 쓰레기통을 모두 뒤져 바구니에 무언가를 잔뜩 담았다. 그리고는 곧장 자신의 목걸이 가게로 향했다.

목걸이 가게 안으로 들어간 경쟁 가게 주인은 가게의 불을 밝히고 쉴 새 없이 움직이기 시작했다. 그리고 그날 아침, 새로운 목걸이들이 경쟁 가게의 진열대에 전시되었다.

'헉, 뭐야! 재료 사러 가지도 않고 목걸이를 만든 거야? 혹시, 아까 쓰레기통에서? 맞아! 확실해! 틀림없어!'

주얼리 씨는 목걸이 재료를 사지도 않은 경쟁 가게 주인이, 목걸이를 만들어 낼 수 있었던 것은 틀림없이 쓰레기통의 쓰레기와 관련 있다고 확신했다. 자신의 가게로 돌아오려던 주얼리 씨의 눈에 경쟁 가게의 팻말이 보였다.

'재갈활용!'

"이름이 재갈활용이란 말이지? 어떻게 사람 목에 거는 걸 쓰레기로 만들 수가 있어?"

경쟁 가게 주인의 이름을 알아낸 주얼리 씨는 당장 화학법정으로 향했다. 그리고 그녀는 쓰레기로 목걸이를 만들어 판매한 재갈활용 씨를 화학법정에 고소해 버렸다.

일회용 플라스틱 용기의 재료인 고분자 화합물 폴리스티렌으로 액세서리를 만들고 있다고!

플라스틱 재료인 폴리스티렌은 제품을 만들기 전에는
분자들이 뭉쳐 있다가 제품을 만들면서 분자들이 펴집니다.
여기에 열을 가하면 원래 형태로 뭉쳐지죠. 이 같은 성질을
이용해 페트병 액세서리를 만들 수 있습니다.

재활용품으로 싸고 예쁜 액세서리를
만들 수 있을까요?
화학법정에서 알아봅시다.

 원고 측 변론하세요.

 재갈활용 씨는 목걸이의 재료 값도 안 될 정
도로 싼 가격으로 목걸이를 팔았습니다. 그
러나 그 이유는 쓰레기로 만들었기 때문에 가능한 것입니다. 쓰
레기 만두 파장으로 과학공화국의 온 국민을 분노하게 만든 지
얼마 되지도 않았는데 이번에는 쓰레기 목걸이라니! 정말 화가
납니다. 이런 괘씸한 재갈활용 씨를 빨리 처벌해야 합니다.

 화치 변호사, 진정하세요. 저 욱하는 성질 좀 버려야 할 텐데,
쯧. 피고 측 변론하세요.

 재갈활용 씨는 우리가 생각하기에 쓰레기라고 생각하는 것으로
목걸이를 만든 것은 사실입니다. 하지만 쓰레기도 쓰레기 나름
이죠. 비즈 공예 전문가 다이아 씨를 증인으로 요청합니다.

온몸에 비즈 용품으로 장식한 다이아 씨가 증인석에
앉았다.

 재활용품으로 액세서리를 만들 수 있다고 하는데 구체적으로

어떤 것이죠?

폴리스티렌(PS)이라고 적힌 플라스틱 제품들을 액세서리로 잘 만들 수 있어요.

폴리스티렌이 뭐죠?

플라스틱 재료인 고분자 화합물이에요. 흔히 일회용 플라스틱 용기로 많이 쓰이는 것들이죠.

어떤 방식으로 만들 수 있죠?

먼저 깨끗한 플라스틱 용기에 유성펜으로 마음에 드는 색깔을 칠해요. 그 후 색칠한 용기를 색, 모양대로 잘라 낸 다음 쿠킹 호일에 골고루 올려놓아요. 이때 조각들이 겹치면 안 돼요. 이 것을 토스트 오븐에 1분 30초간 가열하면 예쁜 액세서리가 완성되죠.

오린 모양대로 잘 나올까요?

동그란 모양으로 잘랐을 때 동그란 모양대로 나오는데 처음보다는 좀 작아지고 더 두꺼워져요.

왜 그런 것이죠?

폴리스티렌은 제품을 만들기 전엔 분자들이 뭉쳐 있다가 제품을 만들면서 분자들이 쫙 펴져요. 그런데 여기에 열을 가하면 다시 원래 형태로 뭉쳐지죠.

음료수 병으로 많이 쓰이는 페트병으로도 될까요?

페트병은 둥글게 말려 버려서 액세서리를 만들기엔 좋지 않은 재료예요. 또 폴리스티렌으로 만들 경우에도 1분 30초가 지나 버리면 녹아 버리니 주의해야 해요.

폴리스티렌은 제품을 만들면서 분자들이 퍼지기에 얇지만 이를 다시 가열하면 분자들이 뭉쳐서 다시 두꺼워집니다. 이런 원리로 재갈활용 씨는 액세서리를 만들었고 재활용을 이용했기에 더 싸게 팔 수 있었던 것입니다.

판결합니다. 일회용 플라스틱 등의 폴리스티렌 제품은 버리면 쓰레기지만 재활용하면 목걸이처럼 훌륭한 물건으로 다시 태어날 수 있습니다. 이는 친환경적인 방법이기 때문에 오히려 칭찬할 만한 것입니다. 따라서 재갈활용 씨는 아무 잘못이 없습니다.

플라스틱의 발명

1868년 미국의 하이엇이 상아로 된 당구공의 대용품으로 발명한 셀룰로이드가 세계 최초의 플라스틱이다. 그 후 베이클랜드가 1909년 발명한 페놀포르말린 수지가 이를 대체했으며, 이것이 외관상 송진(resin)과 비슷했기 때문에 일반적으로 합성수지라고 했고, 이런 연유로 그 후 인조 재료를 합성수지라고 하게 되었다.

플라스틱 도마

소나무로 만든 도마가 왜 더 위생적일까요?

올해 대학에 입학하는 유부단 씨는 이십 평생 처음으로 혼자 자취라는 것을 하게 되었다. 지방에 사는 그는, 부모님 곁을 떠나 서울에서 혼자 생활하게 된다는 것에 대한 기대 반, 두려움 반으로 들뜬 하루하루를 보냈다.

"부단아, 가자!"

일요일 아침, 유부단 씨의 아버지께서 유부단 씨를 불렀다. 아버지께서 회사에 출근하지 않는 날, 서울의 자취방을 알아보기 위해서이다.

자취방을 구하는 것은 쉬운 일이 아니었다. 방의 크기, 시설, 위치, 가격, 계약 기간 등이 모두 유부단 씨의 상황과 맞아떨어져야 했기 때문이다. 하루 반나절을 자취방 구하는 데 소비한 유부단 씨 부자는 날이 어두워져서야 겨우 마음에 드는 자취방 하나를 찾았다.

"부단아, 이 정도면 방 크기도 적당하고 시설도 깨끗하구나. 또 학교와 멀지 않은 거리에 있고, 가격도 적당하고, 계약 기간도 6개월이라니 나쁘지 않구나. 넌 어떠냐?"

"제가 봐도 괜찮은 방인 것 같아요. 이 방으로 계약할게요."

유부단 씨 부자는 일단 그 방을 계약하고 다시 집으로 돌아왔다.

유부단 씨 부자가 집으로 들어서자 유부단의 어머니께서 다가왔다.

"여보, 피곤하시죠?"

어머니께서는 아버지의 외투를 집어 들며 말씀하셨다.

"역시 서울은 복잡한 곳이야."

지친 아버지께서는 옷도 갈아입지 않은 채 그대로 소파에 앉으셨다.

"부단아, 방은 마음에 드니?"

어머니께서는 이번에 유부단 씨에게 물었다.

"네, 어머니! 이제 방은 구했고 자취할 때 필요한 여러 가지 생활용품만 갖추어서 가면 될 것 같아요."

유부단 씨는 어머니의 물음에 간단히 대답하고 자기 방으로 들어가 잠들었다.

다음 날, 유부단 씨는 아침부터 일어나 인터넷을 뒤지기 시작했다. 유부단 씨의 어머니가 과일을 챙겨 들고 유부단 씨의 방으로 들어왔다.

"부단아, 뭐하니? 이거 먹고 해라. 서울에 가져갈 이불이랑 그릇들은 다 챙겨 두었다."

"네, 어머니! 지금 인터넷에서 중고 생활물품을 찾아보고 있었어요. 자취방에서 쓸 냉장고랑 TV는 새것으로 구입할 필요가 없을 것 같아서요."

"우리 부단이, 정말 알뜰하기도 하지."

유부단 씨의 어머니는 유부단 씨의 어깨를 툭툭 치시고는 방을 나가셨다.

인터넷에는 중고 냉장고와 TV를 판매하겠다는 글이 많이 올라와 있었다. 유부단 씨는 어떤 사람에게서 어떤 제품을 구입해야 할지 몰라 하루 종일 고민했다.

사실 유부단 씨는 무언가를 결정할 때 자기 소신대로 자신 있게 결정하는 법이 없었다. 갑순이가 이렇다고 하면 이런 줄 알고 을순이가 그렇다고 하면 또 그런 줄 아는 귀가 아주 얇은 사람이었다.

"제가 써 봤는데 그 '잘 나오는 TV' 정말 괜찮아요."

"냉장고 하면 '얼음땡 냉장고' 죠."

하루 종일 인터넷의 아나바다 사이트와 씨름하던 유부단 씨는 결국 다른 이들의 추천 글을 읽고, 중고 '잘 나오는 TV' 와 '얼음땡 냉장고'를 구입했다.

TV와 냉장고를 구입하고 아나바다 사이트를 빠져 나오던 유부단 씨는 우연히 인터넷 포털 사이트 '다나와'에 들러 유용한 인터넷 정보를 하나 얻게 되었다.

"자연 친화적인 나무 도마는 위생적일 뿐만 아니라 인체에 무해합니다."

"아하, 그렇구나! 그러면 도마는 나무 도마로 사야겠어."

유부단 씨는 자신이 휴대하는 수첩에 그 인터넷 정보를 기록해 두었다.

다음 날, 유부단 씨와 유부단 씨의 어머니는 자취에 필요한 생활 용품들을 사기 위해 할인 마트로 향했다. 할인 마트에는 유부단 씨에게 필요한 물건이 모두 모여 있었다. 그리고 그 모든 물건들을 다른 상점에서보다 훨씬 싼값에 구입할 수 있었다. 유부단 씨 모자는 쇼핑 카트를 끌고 할인 마트를 뺑뺑 돌며 필요한 물건들을 담기 시작했다.

"부단아, 행거 필요하지 않니?"

어머니께서 할인 마트 한쪽에 진열되어 있는 행거를 가리키며 물으셨다.

"네, 어머니! 자취방에서 옷을 걸어 두려면 행거가 필요하죠."

유부단 씨는 포장되어 있는 행거 하나를 쇼핑 카트에 담았다. 행거를 담은 유부단 씨 모자는 이번에 식료품 코너로 향했다.

"부단아, 뭐 먹고 싶은 반찬 없니?"

"음……."

유부단 씨는 잠시 고민에 빠졌다. 그때 유부단 씨의 눈에 봉지로 포장된 멸치들이 들어왔다.

"어머니, 멸치 볶음이 먹고 싶어요."

"정말이냐? 그러면 멸치 한 봉지 사 가자꾸나."

유부단 씨는 봉지로 포장되어 있는 멸치를 쇼핑 카트에 담았다.

할인 마트를 한 바퀴 돌 때마다 쇼핑 카트는 점점 물건들로 가득 찼다.

유부단 씨 부자는 마지막으로 주방 보조 기구 코너에 들렀다. 그 곳에는 처음 보는 신기한 주방 보조 기구들이 줄지어 진열돼 있었 다. 아이스크림을 얼려 먹는 통에서부터 생크림을 휘저을 수 있는 전동 생크림기에 이르기까지 유부단 씨는 그 모두를 구입하고 싶은 충동에 사로잡혔다.

"부단아, 여기서 뭐 필요한 건 없니?"

어머니께서 유부단 씨의 얼굴을 쳐다보며 말씀하셨다.

"음……."

유부단 씨는 정신없이 둘러보던 것을 멈추고 자신에게 필요한 물 건이 무엇인가 곰곰이 생각해 보았다. 그때 유부단 씨의 눈에 들어 온 것이 바로 도마였다.

"어머니, 도마가 필요해요."

유부단 씨는 도마가 진열된 곳으로 걸어갔다. 그곳에는 나무 도마와 플라스틱 도마가 나란히 진열되어 있었다.

'나무 도마가 인체에 무해하고 위생적이라 했지?'

유부단 씨는 어제 인터넷에서 얻은 정보를 상기하며 나무 도마를 집어 들었다. 그런데 유부단 씨가 그 나무 도마를 쇼핑 카트에 넣으려는 찰나, 신제품을 홍보하는 모델의 목소리가 유부단 씨의 귓속을 파고들었다.

"고객 여러분! 플라스틱 도마 회사에서 나온 플라스틱 도마를 소개합니다."

사람들이 그 모델의 주위를 둘러싸고 모여들었다. 유부단 씨도 무슨 일인가 싶어 그 사람들 틈을 파고 들어갔다.

"손님, 지금 손에 들고 계신 그 나무 도마가 얼마나 비위생적인지 모르시죠? 도마는 플라스틱 도마가 가장 위생적이고 안전합니다."

그 모델은 손에 나무 도마를 들고 있는 유부단 씨를 가리키며 말했다. 모델이 유부단 씨를 가리키자 구경하고 있던 사람들의 시선이 유부단 씨를 향했다. 갑자기 많은 사람들의 시선을 받은 유부단 씨는 손에 든 도마를 어디 둬야 할지 몰라 하며 당황스러워했다.

그때 한창 플라스틱 도마를 홍보하고 있던 모델 앞으로 검은 양복 입은 남자들이 다가왔다.

"당장 마이크를 놓으시오!"

그 남자들이 모델에게 윽박지르자 모델은 깜짝 놀라며 마이크를 떨어뜨렸다.

"여러분! 플라스틱 도마 회사는 플라스틱 도마가 나무 도마보다 위생적이라며 소비자들을 우롱하고 있습니다."

그 말을 들은 사람들은 웅성거리기 시작했다. 유부단 씨는 나무 도마를 손에서 놓아야 할지 말아야 할지 더욱 난감해하며 허둥댔다.

"저희 나무 도마 회사는 소비자를 대신해 플라스틱 도마 회사와 싸우겠습니다. 저희 나무 도마 회사는 소비자들에게 거짓 정보를 유포한 플라스틱 도마 회사를 화학법정에 고소하는 바입니다."

우유부단한 유부단 씨는 결국 그날 도마만 구입하지 못하고 집으로 돌아왔다. 나무 도마 회사와 플라스틱 회사 중 어느 회사의 제품이 더 위생적인지 화학법정에서 밝혀 줄 때까지 기다리기 위해서였다.

다음 날, 화학법정에서는 나무 도마 회사와 플라스틱 도마 회사의 불꽃 튀는 대결이 벌어졌다.

소나무로 만든 도마에는 살균 능력과 부패를 방지하는 물질이 포함되어 있다고!

소나무로 만든 나무 도마는 소나무 속에 살균 능력과 부패를 방지하는 물질이 포함되어 있어서 오히려 세균 번식이 잘 되지 않습니다. 반면 플라스틱 도마는 세균이 잘 자라는데 이를 방지하기 위해 화학 살균제를 사용하므로 몸에 좋지 않습니다.

어떤 도마가 더 위생적일까요?
화학법정에서 알아봅시다.

판결을 시작하겠습니다. 화치 변호사, 변론
하세요.

나무로 만든 도마는 물기를 잘 흡수합니다.
따라서 음식물의 물들도 잘 흡수할 것이고 세균이 많이 번식
할 것입니다. 반면에 플라스틱 도마는 물기를 잘 흡수하지 않
기 때문에 세균이 번식할 이유가 없습니다. 따라서 플라스틱
도마가 더 위생적일 것입니다.

케미 변호사, 변론하세요.

우리 옛 선조들은 소나무를 그대로 잘라서 도마로 만들었습니
다. 물론 그때는 플라스틱을 만들 기술이 없었지만 다른 나무
중에 왜 소나무로 도마를 만들었을까요? 주방용품 관리 연구
소 식도마 씨를 증인으로 요청합니다.

도마로 두 칼을 요란하게 치며 나타난 식도마 씨가 증인
석에 앉았다.

옛 선조들이 소나무로 도마를 만든 이유가 무엇일까요?

소나무가 다른 어느 나무보다 균을 죽이는 능력, 즉 살균력이 강했기 때문입니다.

그렇지만 나무 도마는 습기를 흡수하기 때문에 세균이 더 잘 번식하지 않을까요?

앞에서 말씀드렸다시피 소나무는 살균 작용을 하는 물질과 나무가 썩는 것을 방지하는 물질을 포함하고 있어서 세균 번식이 잘 되지 않습니다.

플라스틱 도마는 어떻습니까?

소나무 도마보다 오히려 세균 번식 속도가 빠릅니다. 오히려 소나무 도마보다 더 비위생적이라는 이야기지요.

플라스틱 도마에 살균제를 입히면 되지 않을까요?

그래서 요즘에는 살균을 위해 화학 살균제를 사용하지만 인공적 화학 제품이기에 몸에도 안 좋고 수질 환경을 나쁘게 하고 있습니다.

소나무에는 살균 작용을 하는 물질과 나무가 부패하는 것을 방지하는 물질을 포함하고 있어서 균이 잘 자라지 못해 플라스틱보다 훨씬 위생적입니다.

나무 도마는 습기를 흡수하기 때문에 균이 잘 자랄 것이라고 생각하기 쉬우나 소나무로 만든 나무 도마의 경우 소나무 속에 살균 능력과 부패를 방지하는 물질이 포함되어 있어서 오히려 세균 번식이 잘 되지 않습니다. 반면 플라스틱 도마는 세

균이 잘 자라는데 이를 방지하기 위해 화학 살균제를 사용하지만 화학 살균제는 몸에도 좋지 않고 수질 환경을 나쁘게 하므로 될 수 있으면 나무 도마를 사용하시기 바랍니다.

 플라스틱의 분리 수거

플라스틱 제품 밑바닥이나 뒷면의 삼각형 모양 안에 쓰여 있는 숫자는 플라스틱을 같은 종류별로 모아 재활용하기 쉽도록 정해 놓은 재질 분류 코드 번호이다. 참고로 플라스틱에 열을 가했을 때 녹으면 재생이 가능하고 이것을 열가소성 플라스틱이라 하며 비닐봉지 · 요구르트병 · 페트병 등이 여기에 속한다. 녹지 않고 타는 것을 열경화성 플라스틱이라 하며 멜라민 그릇 · 우레탄 등이 여기에 속하며 이것은 재활용이 되지 않기 때문에 소각이나 매립하여 처리하므로 일반 쓰레기로 분류해야 한다.

과학성적 끌어올리기

어떤 종이는 왜 불에 타지 않을까요?

종이는 아주 쉽게 연소하는 물질이란 것을 다 알고 있습니다. 그런데 불에 타지 않는 종이가 있다는 것은 정말일까요? 그렇습니다. 확실히 불에 타지 않는 종이가 있어요. '내화지'는 성능이 아주 특수하여 불 속에 넣어도 타는 것이 아니라 천천히 숯으로 변합니다. 또 다른 한 가지는 세차게 타오르는 불 위에 올려놓은 다음, 손으로 종이면을 만져 보아도 손이 데이지 않고 그 위에 물 주전자를 올려놓고 반나절이 지나도 물이 끓지 않는 것이 있습니다. 이와 같이 불에 견디고 열을 차단하며 연소하지 않는 종이를 '단열판지'라고 해요.

일반적인 종이는 나무나 식물 섬유와 같은 유기물을 원료로 하여 제조되어 쉽게 불에 타죠. 그러나 내화지는 석면이나 유리 섬유 등 무기물을 원료로 하여 제조되기 때문에 연소되지 않아요. 단열판지는 녹는점이 아주 높은 규산알루미늄과 산화지르코늄 섬유로 만들어져 역시 연소하지 않는답니다. 일반적으로 100퍼센트의 유리섬유로 만들어진 종이는 500~700도의 고온에 견디고, 규산알루미늄 섬유로 만들어진 종이는 1200~1300도의 고온에 견디며, 산화지르코늄 섬유로 만들어진 종이는 2500도의 고온에도 잘 견딘답니다.

우주 비행 기술이 발전함에 따라 전문가들은 이 내화지를 로켓,

인공위성과 우주비행성의 복층 단열 계통에서 열전도를 막고 연소를 방지하는 재료로 이용하고 있어요.

이 밖에 인산염이나 유기 할로겐화물을 연소 방지제로도 쓸 수 있어요. 이런 연소 방지제를 용해시킨 용액에 일반적인 종이나 판지를 담갔다가 꺼내 말려도 방화 작용을 할 수 있죠. 방염 처리를 거친 이런 종이를 집 안 벽에 바르거나 전기 공업에서 단열, 방염 재료로 사용하면 화재를 막는 데 좋은 효과를 볼 수 있죠.

책이나 글을 써 놓은 종이 서류에 방염 처리를 해 놓으면 이런 책이나 자료가 직접 불과 접촉하지 않는 조건에서 화재가 발생하여 서류함이 고열을 받아도 보존이 가능하죠.

화학과 친해지세요

이 책을 쓰면서 좀 고민이 되었습니다. 과연 누구를 위해 이 책을 쓸 것인지 난감했거든요. 처음에는 대학생과 성인을 대상으로 쓰려고 했습니다. 그러다 생각을 바꾸었습니다. 화학과 관련된 생활 속의 사건이 초등학생과 중학생에게도 흥미 있을 거라는 생각에서였지요.

초등학생과 중학생은 앞으로 우리나라가 21세기 선진국으로 발전하기 위해 필요로 하는 과학 꿈나무들입니다. 그리고 지금과 같은 과학의 시대에 가장 큰 기여를 하게 될 과목이 바로 화학입니다. 하지만 지금의 화학 교육은 직접적인 실험 없이 교과서의 내용을 외워 시험을 보는 것이 성행하고 있습니다. 과연 우리나라에서 노벨 화학상 수상자가 나올 수 있을까 하는 의문이 들 정도로 심각한 상황에 놓여 있습니다.

저는 부족하지만 생활 속의 화학을 학생 여러분들의 눈높이에 맞추고 싶었습니다. 화학은 먼 곳에 있는 것이 아니라 우리 주변에 있다는 것을 알리고 싶었습니다. 그래서 이 책을 쓰게 되었지요.